建筑力学

主　编　张　英
副主编　刘亚双
参　编　徐　萍　葛　辉
　　　　张蓉蓉　季　爽
　　　　史宏茹

北京理工大学出版社
BEIJING INSTITUTE OF TECHNOLOGY PRESS

内 容 提 要

本书以典型的建筑构件（梁、板、柱）为研究对象，以工作任务的形式组织编写，涵盖了理论力学、材料力学以及结构力学的相关内容。本书在阐述基本理论、计算原理的同时，以具体任务为主线，突出力学计算在解决工程问题中的应用，具有较强的实用性。本书主要内容包括：静力学基本知识、校核梁的强度、校核板的强度、校核轴心受压柱的强度、校核轴心受压柱的稳定性、校核螺栓连接件的强度、校核桁架各杆的强度等。

本书可作为高等院校土木工程、市政工程技术专业、工程管理专业、工程造价专业和其他相近专业的教材，也可作为从事建筑工程施工的工程技术管理人员的培训及参考用书。

版权专有　侵权必究

图书在版编目（CIP）数据

建筑力学 / 张英主编 .-- 北京：北京理工大学出版社，2022.11
ISBN 978-7-5763-1832-6

Ⅰ．①建⋯　Ⅱ．①张⋯　Ⅲ．①建筑科学－力学　Ⅳ．① TU311

中国版本图书馆 CIP 数据核字（2022）第 211044 号

出版发行 /	北京理工大学出版社有限责任公司
社　　址 /	北京市海淀区中关村南大街 5 号
邮　　编 /	100081
电　　话 /	（010）68914775（总编室）
	（010）82562903（教材售后服务热线）
	（010）68944723（其他图书服务热线）
网　　址 /	http://www.bitpress.com.cn
经　　销 /	全国各地新华书店
印　　刷 /	河北鑫彩博图印刷有限公司
开　　本 /	787 毫米 × 1092 毫米　1/16
印　　张 /	12
字　　数 /	254 千字
版　　次 /	2022 年 11 月第 1 版　2022 年 11 月第 1 次印刷
定　　价 /	85.00 元

责任编辑 / 钟　博
文案编辑 / 钟　博
责任校对 / 周瑞红
责任印制 / 王美丽

图书出现印装质量问题，请拨打售后服务热线，本社负责调换

出版说明

五年制高等职业教育（简称五年制高职）是指以初中毕业生为招生对象，融中高职于一体，实施五年贯通培养的专科层次职业教育，是现代职业教育体系的重要组成部分。

江苏是最早探索五年制高职教育的省份之一，江苏联合职业技术学院作为江苏五年制高职教育的办学主体，经过20年的探索与实践，在培养大批高素质技术技能人才的同时，在五年制高职教学标准体系建设及教材开发等方面积累了丰富的经验。"十三五"期间，江苏联合职业技术学院组织开发了600多种五年制高职专用教材，覆盖了16个专业大类，其中178种被认定为"十三五"国家规划教材，学院教材工作得到国家教材委员会办公室认可并以"江苏联合职业技术学院探索创新五年制高等职业教育教材建设"为题编发了《教材建设信息通报》（2021年第13期）。

"十四五"期间，江苏联合职业技术学院将依据"十四五"教材建设规划进一步提升教材建设与管理的专业化、规范化和科学化水平。一方面将与全国五年制高职发展联盟成员单位共建共享教学资源，另一方面将与高等教育出版社、凤凰职业教育图书有限公司等多家出版社联合共建五年制高职教育教材研发基地，共同开发五年制高职专用教材。

本套"五年制高职专用教材"以习近平新时代中国特色社会主义思想为指导，落实立德树人的根本任务，坚持正确的政治方向和价值导向，弘扬社会主义核心价值观。教材依据教育部《职业院校教材管理办法》和江苏省教育厅《江苏省职业院校教材管理实施细则》等要求，注重系统性、科学性和先进性，突出实践性和适用性，体现职业教育类型特色。教材遵循长学制贯通培养的教育教学规律，坚持一体化设计，契合学生知识获得、技能习得的累积效应，结构严谨，内容科学，适合五年制高职学生使用。教材遵循五年制高职学生生理成长、心理成长、思想成长跨度大的特征，体例编排得当，针对性强，是为五年制高职教育量身打造的"五年制高职专用教材"。

江苏联合职业技术学院
教材建设与管理工作领导小组
2022年9月

前言

建筑力学是土建类专业的一门专业基础课程,该课程综合了理论力学、材料力学、结构力学的基本理论和知识,具有理论系统性、方法严谨性和应用广泛性的特点,为后继建筑结构、建筑施工技术等专业课的学习和今后的工作实践提供必要的力学及结构理论基础。

本书打破传统的以基本变形(拉压、弯、剪、扭)为轴线的编排顺序,代之以典型的构件(梁、板、柱)为研究对象,按照五年制高职建筑工程技术专业职业能力培养目标的要求,以岗位能力分析为基础,以能力培养为目标,以任务的形式组织教学内容,使教学更加直观。每个任务的实施都有清晰的步骤讲解,目标明确。利用问题情境对任务讲解中的知识进行迁移、升华与拓展。同时引入工程实际中的典型任务,将理论知识融入工程实践,使教学更具有实践指导意义。

本书由苏州建设交通高等技术职业学校张英担任主编并负责统稿,由苏州建设交通高等技术职业学校刘亚双担任副主编,苏州建设交通高等技术职业学校徐萍、葛辉、张蓉蓉,江苏城乡建设职业学院季爽,中建交通建设集团史宏茹参与本书的编写工作。具体编写分工为:工作任务一由刘亚双编写,工作任务二、自我检测和附录由张英编写,工作任务三由徐萍编写,工作任务四由葛辉编写,工作任务五由张蓉蓉编写,工作任务六由季爽编写,工作任务七由史宏茹编写。

本书在编写过程中参考和借鉴了大量文献资料,谨向这些文献作者致以诚挚的感谢。限于编者水平,书中不足之处在所难免,敬请读者批评指正。

编 者

目 录

工作任务一　静力学基本知识 ·········· 1

职业能力1　能进行力的分解 ············ 1

　1.1　力的三要素 ······························· 1

　1.2　力的图示 ···································· 2

　1.3　静力学公理 ································ 2

　1.4　力的正交分解 ···························· 5

　1.5　力的投影 ···································· 6

　1.6　合力投影定理 ···························· 6

职业能力2　能绘制约束反力 ············ 10

　2.1　约束类型 ···································· 11

　2.2　支座及其反力 ···························· 12

职业能力3　能求解平面汇交力系的
　　　　　　合成 ······························· 16

　3.1　汇交力系合成的几何法 ············ 18

　3.2　汇交力系合成的解析法 ············ 19

职业能力4　能进行力的平移 ············ 23

　4.1　力矩的计算 ································ 24

　4.2　合力矩定理 ································ 24

　4.3　力偶矩的计算 ···························· 24

　4.4　力偶的性质 ································ 25

　4.5　力的平移 ···································· 26

职业能力5　能求解平面一般力系的
　　　　　　合力 ······························· 29

　5.1　平面一般力系合成的方法 ········ 30

　5.2　平面一般力系简化结果的讨论 ···· 31

　5.3　平面一般力系的合力矩定理 ···· 32

职业能力6　能求解支座反力 ············ 36

　6.1　平面一般力系的平衡条件 ········ 37

　6.2　平面一般力系平衡方程的其他
　　　形式 ··· 37

　6.3　平面力系的特殊情况 ················ 38

工作任务二　校核梁的强度 ·············· 43

职业能力1　能计算梁的剪力和弯矩 ···· 43

　1.1　平面弯曲的概念 ························ 43

　1.2　受弯杆件的简化 ························ 44

　1.3　梁的内力计算 ···························· 45

职业能力2　能绘制梁的剪力图和
　　　　　　弯矩图 ··························· 50

　2.1　绘制内力图的方法 ···················· 51

　2.2　绘制内力图的一般规定 ············ 53

　2.3　绘制内力图的一般步骤 ············ 53

2.4　常见简单荷载作用下梁的内
　　　力图……………………………53

职业能力3　能利用叠加法绘制梁的
　　　　　　弯矩图……………………58
　3.1　叠加法绘制弯矩图的步骤…………59
　3.2　叠加法的要点………………………60

职业能力4　能计算截面的形心与
　　　　　　惯性矩……………………63
　4.1　平面图形的形心……………………63
　4.2　静矩…………………………………64
　4.3　惯性矩、惯性半径…………………64
　4.4　平行移轴定理………………………65

职业能力5　能判定梁的正应力强度
　　　　　　是否满足要求……………69
　5.1　梁截面的正应力计算………………70
　5.2　梁的最大正应力……………………70
　5.3　梁的正应力强度条件………………70

职业能力6　能判定梁的剪应力强度
　　　　　　是否满足要求……………73
　6.1　梁截面剪应力的计算………………74
　6.2　常用截面形式的剪力计算公式……74
　6.3　梁的剪应力强度条件………………75

职业能力7　能对梁进行合理的布置……77
　7.1　提高梁强度的措施…………………78
　7.2　关于梁正应力的讨论………………80

工作任务三　校核板的强度……………86
职业能力1　能计算板的内力……………86
　1.1　钢筋混凝土平面楼盖的组成及
　　　结构类型……………………………86

　1.2　单向板和双向板……………………88
　1.3　楼盖上作用的荷载…………………88
　1.4　现浇钢筋混凝土板的构造要求……90
　1.5　装配式建筑中的叠合板……………91

职业能力2　能校核板的强度……………96
　2.1　板的正应力计算……………………96
　2.2　板的正应力强度条件………………97
　2.3　板的剪应力计算……………………97
　2.4　板的剪应力强度条件………………97

工作任务四　校核轴心受压柱的强度…101
职业能力1　能计算柱子的轴力…………101
　1.1　杆件的基本变形形式………………102
　1.2　轴力…………………………………102
　1.3　截面法………………………………103
　1.4　轴力图………………………………103

职业能力2　能计算柱子的正应力和
　　　　　　变形………………………107
　2.1　应力…………………………………107
　2.2　正应力………………………………107
　2.3　轴向受力杆件的纵向变形…………108
　2.4　轴向拉（压）的横向变形…………109

职业能力3　能判定柱子的强度是否
　　　　　　满足要求……………………111
　3.1　安全系数与许用应力………………112
　3.2　强度条件……………………………112

工作任务五　校核轴心受压柱的稳定性…116
职业能力1　能计算柱子的临界力………116
　1.1　不同的平衡状态……………………116

1.2	压杆的稳定性	117
1.3	压杆的临界力	118
1.4	细长压杆临界力计算公式	
	——欧拉公式	118

职业能力 2　能判定柱子的稳定性
　　　　　　是否满足要求 …………… 121
2.1	临界应力	121
2.2	柔度	122
2.3	欧拉公式的适用范围	122
2.4	压杆稳定的实用计算	122

职业能力 3　能判定钢筋混凝土轴心
　　　　　　受压柱是否安全 ………… 126
3.1	钢筋混凝土轴心受压柱的构造	
	要求	127
3.2	钢筋混凝土轴心受压柱的	
	计算	128

工作任务六　校核螺栓连接件的强度 …… 133

职业能力 1　能进行螺栓连接件的
　　　　　　受力分析 ………………… 133
| 1.1 | 剪切的实用计算 | 134 |
| 1.2 | 挤压的实用计算 | 134 |

职业能力 2　能判断螺栓连接件的
　　　　　　强度是否满足要求 ……… 137
| 2.1 | 剪切强度的条件 | 137 |

| 2.2 | 挤压强度的条件 | 137 |

工作任务七　校核桁架各杆的强度 ……… 141

职业能力 1　能判定零杆 ………………… 141
1.1	桁架	141
1.2	桁架的受力特点	142
1.3	桁架的分类	142
1.4	零杆	143

职业能力 2　校核桁架各杆的强度 ……… 146
2.1	内力计算的方法	146
2.2	结点法	147
2.3	截面法	147

自我检测 …………………………………… 153
1	静力学基本知识	153
2	校核梁的强度	155
3	校核轴心受压柱的强度	157
4	校核轴心受压柱的稳定性	159
5	校核螺栓连接件的强度	160
6	校核桁架各杆的强度	161

附录　热轧型钢常用参数表 ……………… 162

参考文献 …………………………………… 182

工作任务一　静力学基本知识

职业能力1　能进行力的分解

核心概念

力：力是物体之间的相互机械作用，这种作用的效果会使物体的运动状态发生变化（外效应），或者使物体发生变形（内效应）。

力系：一般情况下，一个物体总是同时受到若干个力的作用。我们把作用于一个物体上的一群力称为力系。

刚体：在任何外力作用下，形状和大小保持不变的物体，是一种理想的模型。

平衡：在一般工程问题中，物体相对于地面处于静止或作匀速直线运动的状态，称为平衡。例如，房屋、水坝、桥梁相对于地球是保持静止的，是一种平衡；沿直线匀速起吊的构件，沿公路匀速行驶的汽车，也是一种平衡。

平衡力系：使物体保持平衡的力系称为平衡力系。

学习目标

(1) 能辨别构件受到的力；
(2) 能用静力学公理分析构件的受力情况；
(3) 能进行力的分解与合成。

工作任务1
静力学基本知识

基本知识

1.1　力的三要素

力对物体的作用效应取决于力的大小、方向和作用点。我们将力的大小、方向、作用点称为力的三要素。

1. 力的大小

我们用力的大小衡量物体间相互作用的强烈程度。为了度量力的大小，我们必须规定力的单位。力的单位为牛顿(N)或千牛顿(kN)。两者的关系为

$$1 \text{ kN} = 10^3 \text{ N}$$

2. 力的方向

力的方向通常包含力的作用线的方位和指向两个含义。例如，重力的方向是"铅直向下"，"铅直"表示力的方位，"向下"表示力的指向。

3. 力的作用点

力的作用点就是力对物体的作用位置。力的作用位置实际上是有一定范围的，当作用范围与物体相比很小时，可近似地看作一个点。作用于一点的力，称为集中力。

在力的三要素中，任何一个要素发生改变时，都会对物体产生不同的效应。

■ 1.2 力的图示

力是一个具有大小和方向的量，所以力是矢量。图示时，通常用一条带箭头的有向线段来表示。线段的长度(按选定的比例尺)表示力的大小；线段的方位和箭头的指向表示力的方向；线段的起点或终点表示力的作用点。通过力的作用点沿力的方向的直线，称为力的作用线，如图 1-1-1 所示。

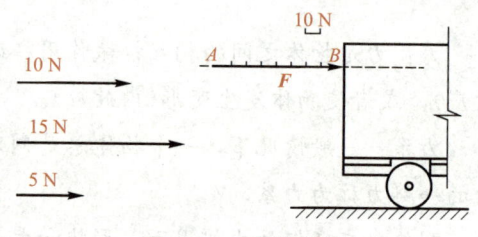

图 1-1-1　力的图示

■ 1.3 静力学公理

静力学公理是人类在长期的生产生活实践中，经过反复观察和试验总结出来的普遍规律。它阐述了力的一些基本性质，是静力学部分的基础。

1. 作用与反作用公理

两个物体间的作用力和反作用力，总是大小相等，方向相反，沿同一直线并分别作用在这两个物体上。

这个公理概括了两个物体间相互作用力的关系。如图 1-1-2 所示，书对桌面施加作用力 F 的同时，也受到桌面对书的反作用力 F'，且这两个力的大小相等，方向相反，沿同一直线作用。

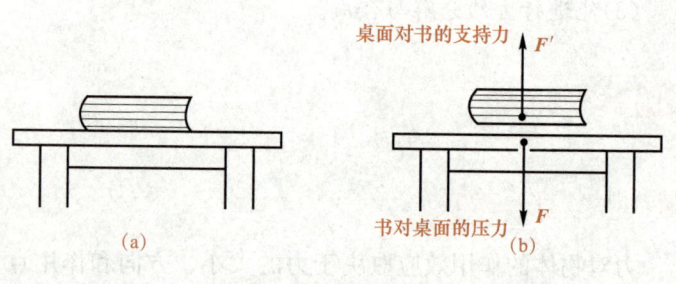

图 1-1-2　作用力与反作用力

2. 二力平衡公理

作用在同一刚体上的两个力，使刚体平衡的必要充分条件是，这两个力大小相等、方向相反且作用在同一直线上，如图 1-1-3 所示。

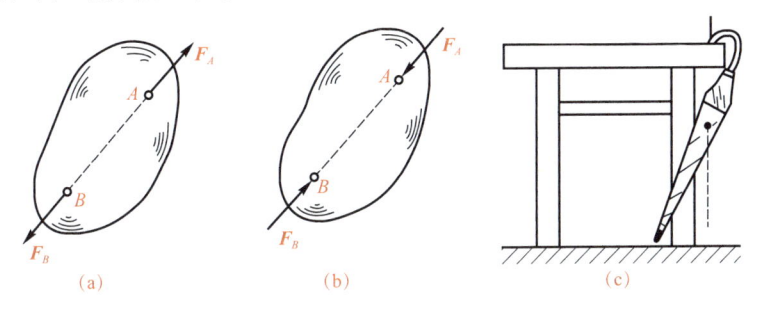

图 1-1-3　二力平衡

二力平衡公理指出了作用在刚体上两个力的平衡条件。当一个刚体上只受两个力的作用而保持平衡时，这两个力一定满足二力平衡公理。如图 1-1-3(c)所示，把雨伞挂在桌边，雨伞摆动到重心和挂点在同一铅垂线上时，雨伞才能平衡。因为这时雨伞的向下重力和桌面的向上支承力在同一直线上。

值得注意的是，二力平衡公理和作用与反作用公理中两个力的关系是不同的，不能混淆。二力平衡公理中的两个力是作用在同一刚体上的，而作用与反作用公理中的两个力是分别作用在两个不同物体上，虽然大小相等、方向相反、作用在同一条直线上，但不能平衡。

若一根直杆只在两点受力作用而平衡，则作用在此两点的两个力的方向必在这两点的连线上，此直杆称为二力杆，如图 1-1-4(a)所示。对于只在两点受力作用而处于平衡的一般物体，称为二力构件，如图 1-1-4(b)、(c)、(d)所示。

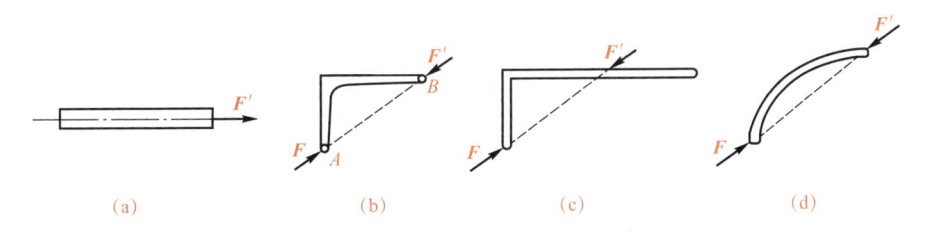

图 1-1-4　二力构件

3. 加减平衡力系公理

作用于刚体的任意力系中，加上或去掉任何一个平衡力系，并不改变原力系对刚体的作用效应。

因为平衡力系不会改变刚体的运动状态，即平衡力系对刚体的运动效应为零，所以在刚体的原力系上加上或减掉一个平衡力系，是不会改变刚体运动效应的。

推论：力的可传递性原理。

作用在刚体上的力可沿其作用线移动到刚体内任意一点，而不改变原力对刚体的作用效应，如图 1-1-5 所示。F，F_1 也是一对平衡力，故可除去。

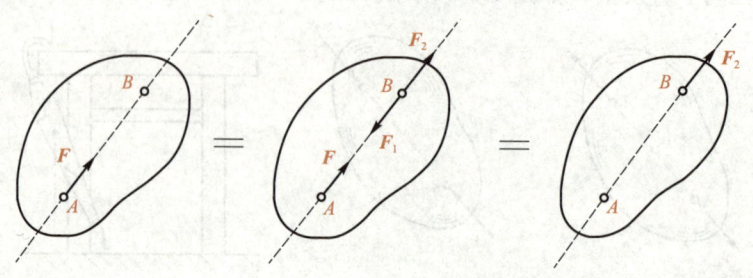

图 1-1-5　力的可传递性原理

注意：此原理只适用于刚体，那么对于变形体情况如何？图 1-1-6(a)所示为刚体，在 A、B 两端作用有一对大小相等、方向相反的拉力，刚体平衡。如果将二力沿杆分别传至另一端，根据力的可传递性，刚体虽然受压，但平衡状态不变。

如果将刚体换成柔软的绳，在原来的拉力作用下绳平衡；如果将力传递到另一端，虽然两力仍满足二力平衡条件，绳将失去平衡，如图 1-1-6(b)所示。

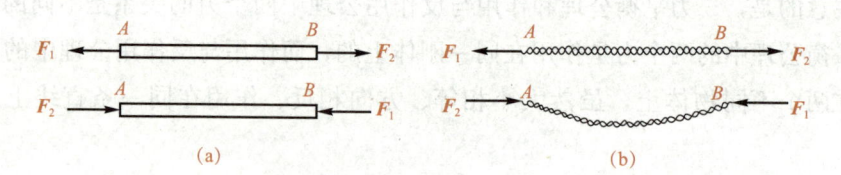

图 1-1-6　可传递性原理只适用于刚体

4. 力的平行四边形公理

作用于物体上同一点的两个力，可以合成为一个合力，合力也作用于该点，合力的大小和方向是以这两个力为邻边所构成的平行四边形的对角线来表示的，如图 1-1-7(a)所示。

为了简便，只需画出力的平行四边形的一半即可。其方法为：先从两分力的共同作用点 O 画出某一分力，再自此分力的终点画出另一分力，最后由 O 点至第二个分力的终点作一矢量，它就是合力 R，称为力的三角形法则，如图 1-1-7(b)、(c)所示。

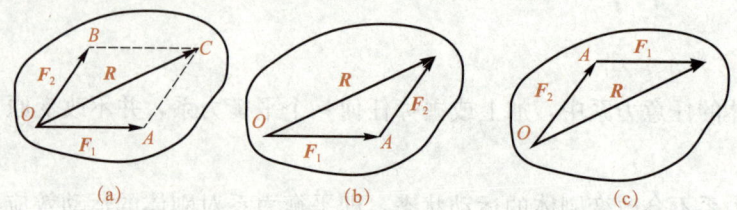

图 1-1-7　平行四边形公理、三角形法则

推论：三力平衡汇交定理。

刚体受共面不平行的三个力作用而平衡时，这三个力的作用线必汇交于一点。如图 1-1-8(a) 所示，根据力的可传递性原理，将其中任意两个力 F_1，F_2 沿其作用线移到两力作用线的交点 O，并按力的平行四边形公理合成为合力 R_{12}，其作用点也在 O 点。因为 F_1，F_2，F_3 三个力成平衡状态，所以力 F_3 应与合力 R_{12} 平衡，且作用在同一直线上，即三力 F_1，F_2，F_3 的作用线必汇交于一点，如图 1-1-8(b) 所示。三力平衡汇交定理常用来确定刚体在共面不平行的三个力作用下平衡时其中未知力的方向。

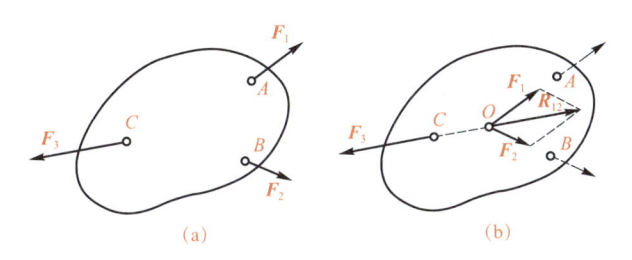

图 1-1-8 三力平衡汇交定理

1.4 力的正交分解

两个共点力可以合成为一个力；反之，一个已知力也可以分解为两个分力。以一个力的矢量为对角线的平行四边形，可作无数个。如图 1-1-9(a) 所示，要得出唯一的答案，必须给以限制条件，如给定分力的方向求其大小，或给定一个分力的大小和方向求另一分力等。

在实际问题中，常把一个力 F 沿直角坐标轴方向分解，可得出两个相互垂直的分力 F_x 和 F_y，这种方法称为正交分解法，如图 1-1-9(b) 所示。F_x 和 F_y 的大小可由三角函数公式求得：

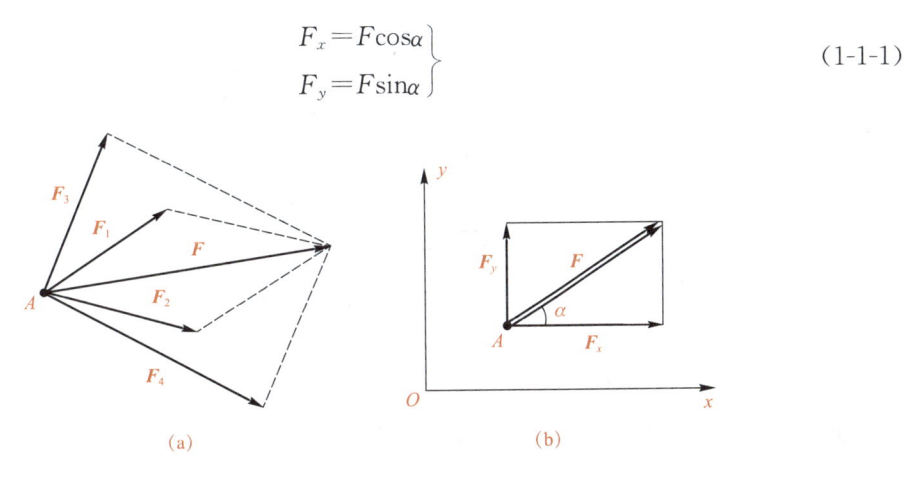

$$\left.\begin{aligned}F_x &= F\cos\alpha \\ F_y &= F\sin\alpha\end{aligned}\right\} \tag{1-1-1}$$

图 1-1-9 力的分解

1.5 力的投影

设力 F 作用在物体上某点 A 处,如图 1-1-10 所示。在力 F 所在的平面内建立直角坐标系 xOy。由力 F 的起点 A 和终点 B 分别向 x 轴引垂线,得垂足 a,b,则线段 ab 称为力 F 在 x 轴上的投影,用 F_x 表示,即

$$F_x = \pm F\cos\alpha$$

同理可得力 F 在 y 轴上的投影为 $F_y = \pm F\sin\alpha$。

投影的正负号规定:从投影的起点到终点的指向与坐标轴正方向一致时,投影取正号;反之取负号。

已知分力求合力公式:

$$F = \sqrt{F_x^2 + F_y^2}$$

合力的方向:

$$\tan\alpha = \left|\frac{F_y}{F_x}\right|$$

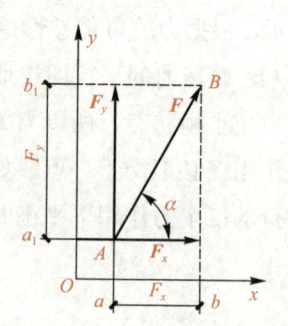

图 1-1-10 力的投影

1.6 合力投影定理

合力在任一轴上的投影,等于各分力在同一轴上投影的代数和,这就是合力投影定理。

能力训练

能力训练 1:力的图示

1. 操作条件

如图 1-1-11 所示,在吊车梁上 C 点放置重 12 kN 的重物,两侧绳子承受 6 kN 的拉力,画出重物和绳子的受力图。

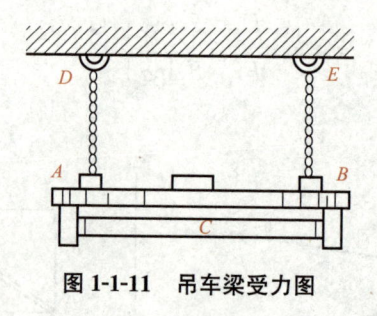

图 1-1-11 吊车梁受力图

2. 操作过程

通常可以用一段带有箭头的线段表示力的三要素。操作过程见表 1-1-1。

表 1-1-1 操作过程

序号	步骤	操作方法及说明	质量标准
1	力的大小	线段的长度(按选定的比例)表示力的大小	选定画线段比例，画线段的长短
2	力的方向	线段与某个确定直线的夹角表示力的方位，箭头表示力的指向	在线段上画出箭头
3	力的作用点	带箭头线段的起点或终点表示力的作用点	在线段的起点或终点画点
4	校核	检查大小、方向、作用点	

能力训练 2：力的分解

1. 操作条件

如图 1-1-12 所示，矩形悬臂梁上的已知力 $P=50$ kN 作用于 O' 点，与竖直方向的夹角为 $\varphi=30°$，求该力在 z、y 轴方向的分力 $\boldsymbol{P}_z$，$\boldsymbol{P}_y$。

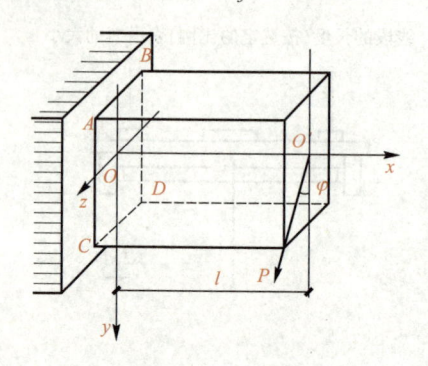

图 1-1-12　悬臂梁

2. 操作过程

操作过程见表 1-1-2。

表 1-1-2　操作过程

序号	步骤	操作方法及说明	质量标准
1	画坐标轴	过 O' 点画坐标系 $O'y'z'$	正确选择坐标系
2	画分力	在坐标轴上沿着 y' 轴和 z' 轴画出分力 P_y、P_z	正确沿着坐标轴画出分力

续表

序号	步骤	操作方法及说明	质量标准
3	分力大小的计算	根据正交公式计算分力大小： $P_y = P\cos\varphi = 50 \times \cos 30° = 43.3 (\text{kN})$ $P_z = P\sin\varphi = 50 \times \sin 30° = 25 (\text{kN})$	正确使用公式 计算分力大小
4	校核	$\sqrt{43.3^2 + 25^2} = 50$，正确	能用勾股定理 求合力校核分力 计算是否正确

❖ 问题情境

如图 1-1-13 所示，已知 F_1，F_2，F_3 的合力是 R。

(1) 分别求出 F_1，F_2，F_3，R 这四个力在 x 轴及 y 轴上的投影。

(2) 分析分力的合力与合力的分力有什么关系。

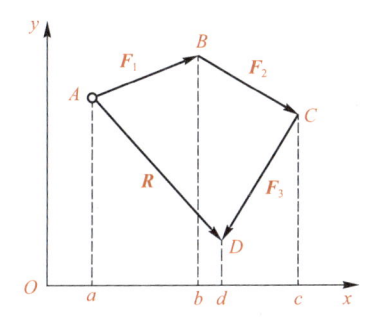

图 1-1-13　问题情境图

提示：F_1，F_2，F_3 在水平方向的分力即在 x 轴的投影，分别为 ab，bc 及 cd，三段线段的和为 ad；而 F_1，F_2，F_3 的合力 R 在 x 轴上的投影也是 ad。F_1，F_2，F_3 是 R 的分力，它们在水平方向的分力的合力与 R 在水平方向的分力一样，所以，分力的合力等于合力的分力。y 方向的验算请自己完成。

3. 学习结果评价

学习结果评价见表 1-1-3。

表 1-1-3　学习结果评价

序号	评价内容	评价标准	评价结果
1	分力的绘制	能正确沿着选定的坐标轴画分力	是/否
2	分力的计算	能正确计算分力	是/否
是否可以进行下一步学习(是/否)			

课后作业

1. 试分别求出图 1-1-14 中各力在 x，y 轴上的投影，已知：$F_1=F_2=200$ N，$F_3=F_4=300$ N，各力的方向如图 1-1-14 所示。

2. 如图 1-1-15 所示，已知 $F_1=10$ kN，$F_2=20$ kN，$F_3=30$ kN，试用合力投影定理计算这三个力的合力在 x 及 y 轴上的分力。

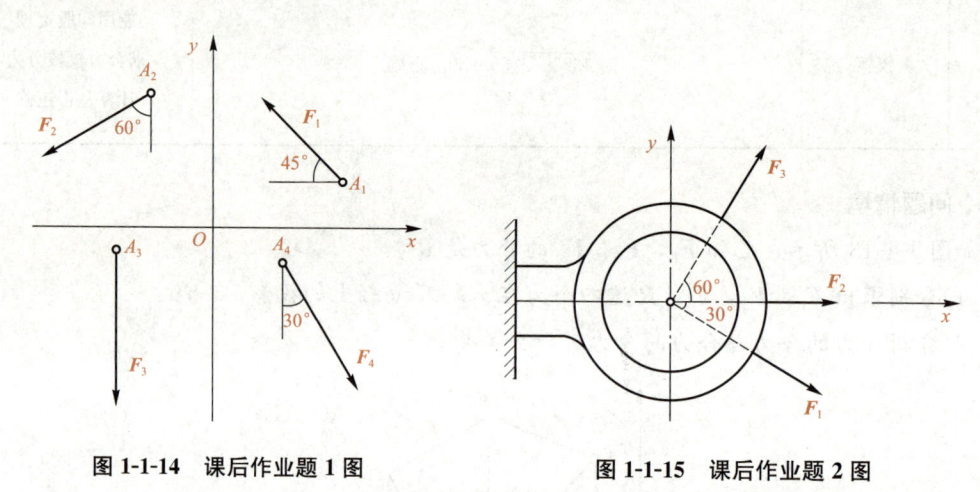

图 1-1-14　课后作业题 1 图

图 1-1-15　课后作业题 2 图

职业能力 2　能绘制约束反力

核心概念

自由体：力学中所考察的物体，有的不受到任何限制，可以自由运动，我们把凡能在空间作自由运动的物体称为自由体，如在空中飞行的子弹、人造卫星等。

非自由体：力学中所考察的物体，有的受到其他物体的限制，这使物体沿某些方向不能够运动，我们把这类物体称为非自由体，如用绳索悬挂的重物、支撑于墙上静止不动的屋架。

约束：限制非自由体运动的其他物体称为非自由体的约束。约束总是通过物体间的直接接触而形成。

约束反力：约束对物体的限制作用是通过力来实现的，我们把这种力称为约束反力或约束力，简称反力。约束反力的方向总是与物体的运动或运动趋势的方向相反，它的作用点就是约束与被约束物体的接触点。运用这个准则，可确定约束反力的方向和作用点的位置。

支座：将结构物或构件连接在墙、柱、基础、桥墩等支承物上的装置称为支座。

学习目标

（1）能分辨约束的类型；
（2）能画出约束反力；
（3）能分辨常见的支座；
（4）能画出支座反力。

基本知识

2.1 约束类型

1. 柔体约束

由柔软且不计自重的绳索、胶带、链条等构成的约束统称为柔体约束。柔体约束的约束反力为拉力，它沿着柔体的中心线背离被约束的物体，用符号 F_T 表示，如图 1-2-1 所示。

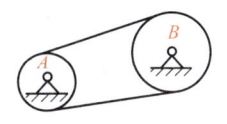

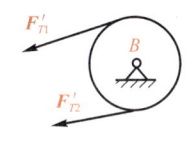

图 1-2-1　柔体约束

2. 光滑接触面约束

物体之间光滑接触，只限制物体沿接触面的公法线方向并指向物体的运动。光滑接触面约束的反力为压力，它通过接触点，方向沿着接触面的公法线指向被约束物体，通常用 F_N 表示，如图 1-2-2 所示。

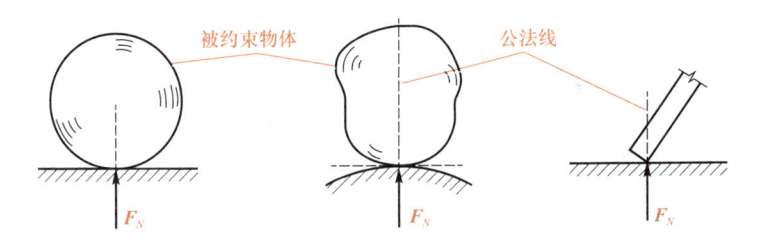

图 1-2-2　光滑接触面约束

3. 链杆约束

两端各以铰链与其他物体相连接且中间不受力（包括物体本身的自重）的直杆称为链杆，如图 1-2-3 所示。链杆可以受拉或受压，但不能限制物体沿其他方向的运动和转动，因此，链杆的约束反力总是沿着链杆的轴线方向，指向不定，常用符号 F 表示。

· 11 ·

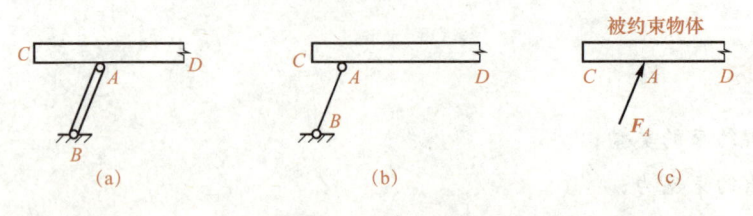

图 1-2-3 链杆约束

4. 光滑圆柱铰链约束(简称铰约束)

光滑圆柱铰链约束的约束性质是限制物体平面移动(不限制转动),其约束反力是互相垂直的两个力(本质上是一个力),其指向可任意假设,如图 1-2-4 所示。

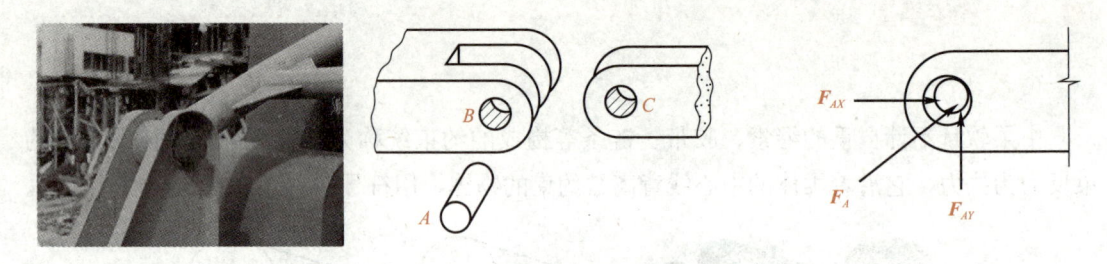

图 1-2-4 光滑圆柱铰链约束

2.2 支座及其反力

1. 固定铰支座

将构件或结构连接在支承物上的装置称为支座。用光滑圆柱铰链把构件或结构与支承底板相连接,并将支承底板固定在支承物上而构成的支座称为固定铰支座,如图 1-2-5(a)所示,力学计算简图可用图 1-2-5(b)表示。固定铰支座的约束反力与圆柱铰链相同,其约束反力也应通过铰链中心,但方向待定,为方便起见,常用两个相互垂直的分力 F_{Ax},F_{Ay} 表示,如图 1-2-5(c)所示。

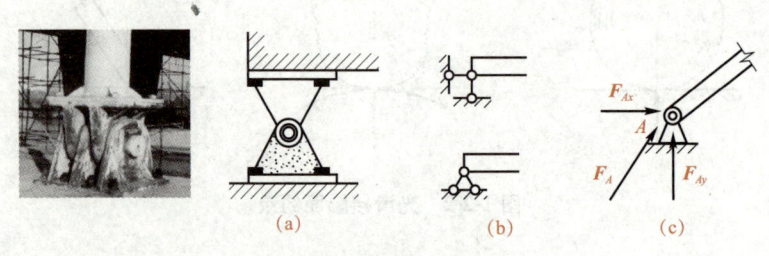

图 1-2-5 固定铰支座

2. 可动铰支座

如果在固定铰支座的底座与固定物体之间安装若干辊轴,即构成可动铰支座,如

图 1-2-6(a)所示,力学计算简图可用图 1-2-6(b)、(c)、(d)表示。可动铰支座的约束反力垂直于支承面,且通过铰链中心,但指向不定,常用 **R**(或 **F**)表示,如图 1-2-6(e)所示。

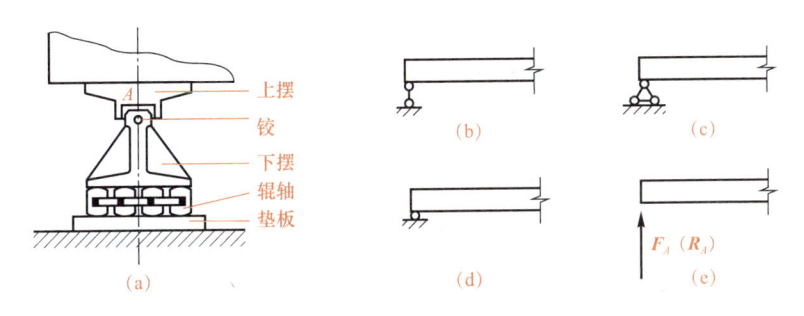

图 1-2-6 可动铰支座

3. 固定端支座

如果构件或结构的一端牢牢地插入支承物,就形成固定端支座,如图 1-2-7(a)所示。其约束的特点是连接处有很大的刚性,不允许被约束物体与约束物体之间发生任何相对的移动和转动,约束反力一般用三个反力分量来表示——两个相互垂直的分力 $F_{Ax}(X_A)$,$F_{Ay}(Y_A)$ 和反力偶 M_A,如图 1-2-7(b)所示,力学计算简图可用图 1-2-7(c)表示。

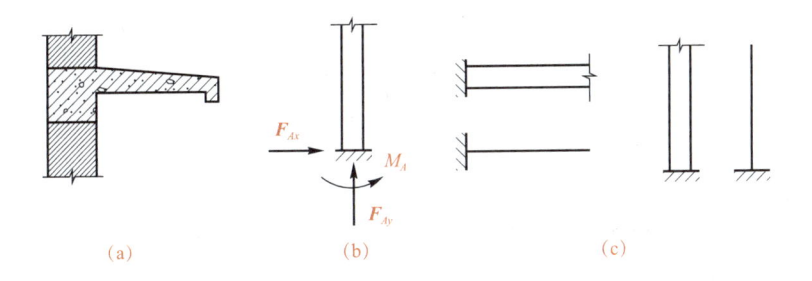

图 1-2-7 固定端支座

能力训练

1. 操作条件

如图 1-2-8 所示,画出物体的受力图。

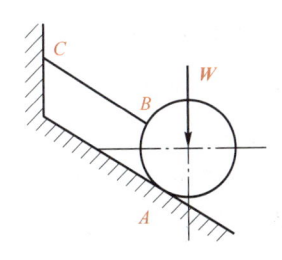

图 1-2-8 能力训练图

2. 操作过程

操作过程见表 1-2-1。

表 1-2-1 操作过程

序号	步骤	操作方法及说明	质量标准
1	取分离体	根据题意应该选取绳子拉着的圆球为研究对象	能正确选择分离体
2	约束类型	常见的约束有四种，根据四种约束的特点，可判定图中的绳子为柔体约束，倾斜墙面为光滑接触面约束	能根据各类约束的特点正确判定约束类型
3	画出主动力及约束反力	主动力：物体的自重，竖直向下的重力 W； 柔体约束为绳子 BC 的拉力 F_{TB}，作用在 B 点，方向为沿着绳子向上； 光滑接触面约束为斜向墙面对物体的支持力 N_A，作用在 A 点，方向为垂直于墙面指向上	能按照力的三要素画出约束力及其他力
4	校核	检查约束力的大小、方向、作用点	能按力的三要素检查受力图

❖ 问题情境 1

一个以 A，C 两处为铰支座，B 点用光滑铰链铰接的，不计自重的刚性拱结构，如图 1-2-9 所示，已知左半拱上作用有荷载 F。试分析 BC、AB 构件及整体平衡的受力情况。

提示：这是一个物体系统的受力分析问题，该系统由两个构件构成，分别是 AB 和 BC，因此，在做受力分析时应对 AB，BC 及整个物体系统进行分析。

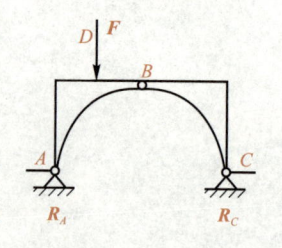

图 1-2-9 问题情境 1 图

BC 构件没有受其他外力的作用，即它在两个约束反力的作用下处于平衡状态，因此 BC 构件是二力杆，如图 1-2-10(a)所示。

AB 与 BC 构件在铰 B 处连接在一起，故在此有作用力和反作用力 $\boldsymbol{R}_B$ 及 $\boldsymbol{R}_B'$。AB 部分可利用三力平衡汇交原理进行受力分析，如图 1-2-10(b)、(c)所示，在两张图中任选一张分析即可。

最后以整体为研究对象进行受力分析，此处需要注意的是当以整体为研究对象时，铰 B 的约束没有解除掉，所以，此时铰 B 处无须做约束反力，如图 1-2-10(d)、(e)所示，在两张图中任选一张分析即可。

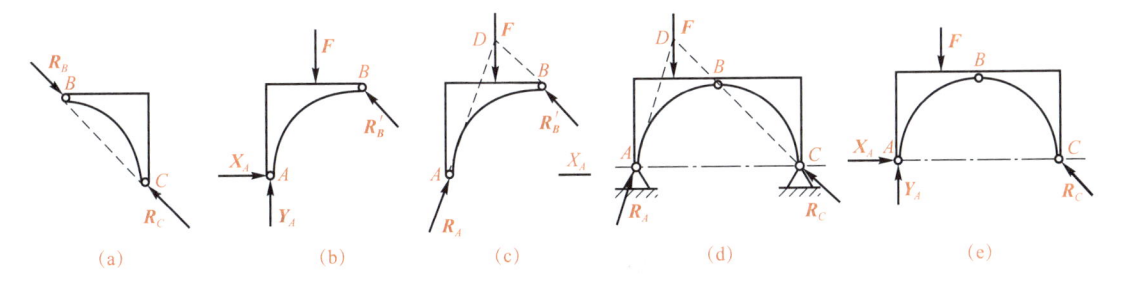

图 1-2-10　问题情境 1 提示图

❖问题情境 2

已知支架如图 1-2-11(a)所示，A，C，E 处都是铰链连接。在水平杆 AB 上的 D 点放置了一个重力为 $\boldsymbol{G}$ 的重物，各杆自重不计，试画出重物、横杆 AB、斜杆 EC 及整个支架体系的受力图。

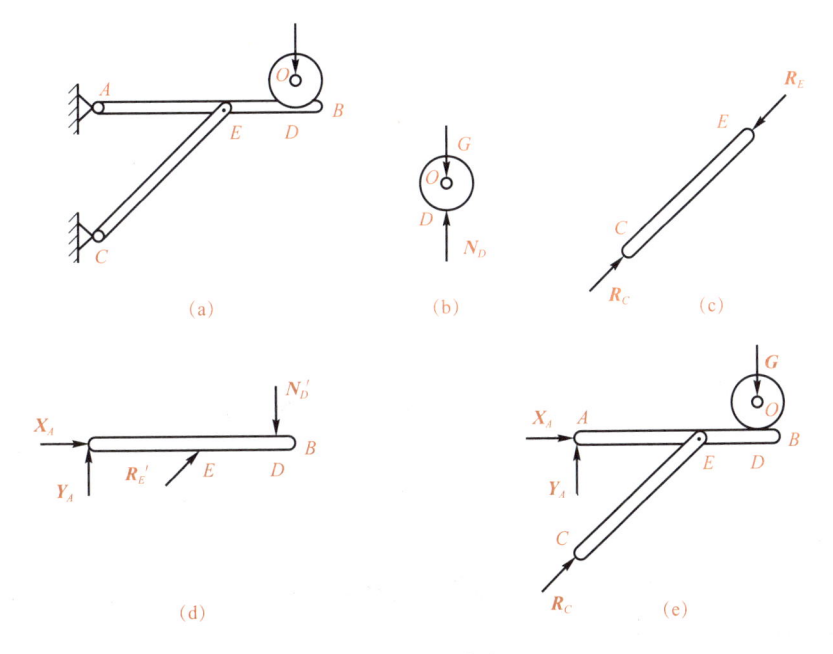

图 1-2-11　问题情境 2 图

3. 学习结果评价

学习结果评价见表1-2-2。

表1-2-2 学习结果评价

序号	评价内容	评价标准	评价结果
1	约束类型的判定	能根据约束的特点判定属于哪一类约束	是/否
2	画约束反力	能根据力的三要素正确画出约束反力	是/否
是否可以进行下一步学习(是/否)			

课后作业

如图1-2-12所示,接触面为光滑面,画出物体的受力图。

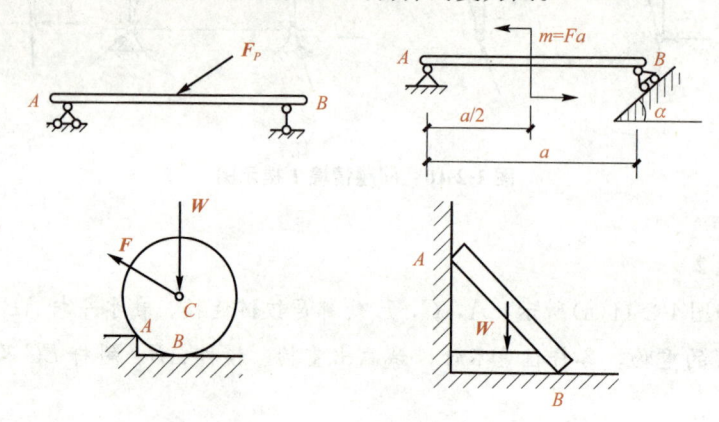

图 1-2-12 课后作业图

职业能力3 能求解平面汇交力系的合成

核心概念

平面结构:在实际工程中,有些结构的厚度比其他两个方向的尺寸小得多,这样的结构称为平面结构,如图1-3-1(a)所示。

平面力系:在平面结构上作用的各力,若都在这一平面内,则组成平面力系,如图1-3-1(b)所示。

平面汇交力系:在平面力系中,若各力作用线在同一平面内且汇交于一点,则称为平面汇交力系,如图1-3-2所示。

平面力偶系:在平面力系中,若在同一平面内作用若干个力偶(一对大小相等、指向相反、作用线平行的两个力称为一个力偶），称为平面力偶系，如图 1-3-3 所示。

平面平行力系：在平面力系中，若各力的作用线在同一平面内且相互平行，则称为平面平行力系，如图 1-3-4 所示。

平面一般力系：在平面力系中，若各力的作用线在同一平面内既不汇交于一点也不相互平行，则称为平面一般力系，如图 1-3-5 所示。

平面汇交力系的合成，即求平面汇交力系中各力的合力。

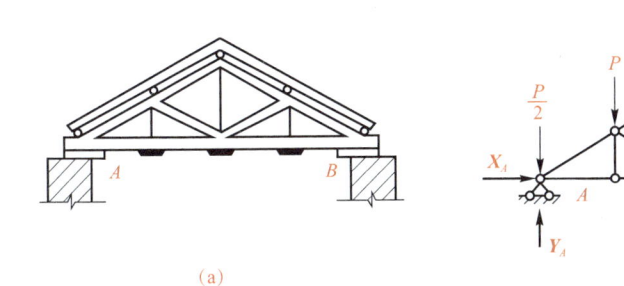

图 1-3-1　三角形屋架

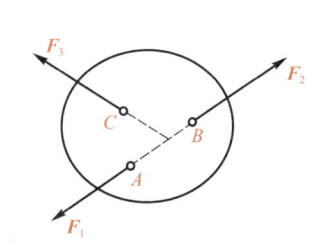

图 1-3-2　平面汇交力系

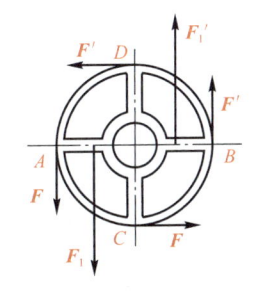

图 1-3-3　平面力偶系

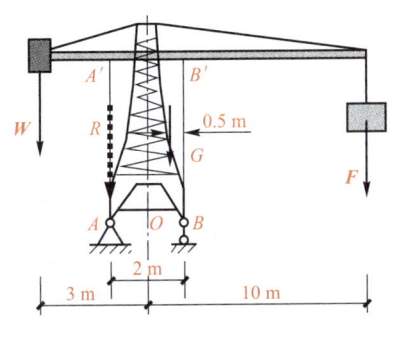

图 1-3-4　平面平行力系

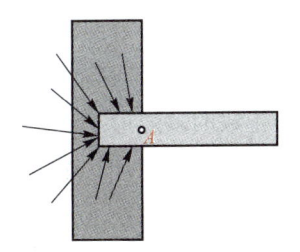

图 1-3-5　平面一般力系

学习目标

(1) 能辨别构件受到的力是不是平面力系；
(2) 能分辨平面力系的类别；
(3) 能计算平面汇交力系的合力。

基本知识

■ 3.1 汇交力系合成的几何法

如图 1-3-6(a)所示，在物体上作用有汇交于 O 点的两个力 F_1 和 F_2，根据力的平行四边形法则，可知合力 R 的大小和方向是以两个力 F_1 和 F_2 为邻边的平行四边形的对角线来表示的，合力 R 的作用点就是这两个力的汇交点 O。也可以取平行四边形的一半即利用力的三角形法则求合力，如图 1-3-6(b)所示。

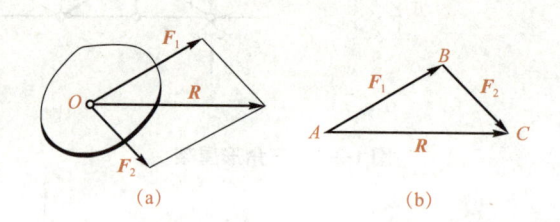

图 1-3-6　几何法

对于由多个力组成的平面汇交力系，可以连续应用力的三角形法则进行力的合成。设作用于物体上 O 点的力 F_1，F_2，F_3，F_4 组成平面汇交力系，现求其合力，如图 1-3-7(a)所示。应用力的三角形法则，首先将 F_1 与 F_2 合成得 R_1，然后把 R_1 与 F_3 合成得 R_2，最后将 R_2 与 F_4 合成得 R，力 R 就是原汇交力系 F_1，F_2，F_3，F_4 的合力，图 1-3-7(b)所示即此汇交力系合成的几何示意，矢量关系的数学表达式为 $R = F_1 + F_2 + F_3 + F_4$。

实际作图时，可以不必画出图 1-3-7(b)中虚线所示的中间合力 R_1 和 R_2，只要按照一定的比例尺将表达各力矢的有向线段首尾相接，形成一个不封闭的多边形，如图 1-3-7(c)所示，然后画一条从起点指向终点的矢量 R，即原汇交力系的合力，如图 1-3-7(d)所示。把由各分力和合力构成的多边形 $abcde$ 称为力的多边形，合力矢是力的多边形的封闭边。按照与各分力同样的比例，封闭边的长度表示合力的大小，合力的方位与封闭边的方位一致，指向则为由力多边形的起点至终点，合力的作用线通过汇交点。这种求合力矢的几何作图法称为力多边形法则。

从图 1-3-7(e)中还可以看出，改变各分力矢相连的先后顺序，只会影响力多边形的形状，但不会影响合成的最后结果。

将这一作法推广到由 n 个力组成的平面汇交力系，可得结论：平面汇交力系合成的最终结果是一个合力，合力的大小和方向等于力系中各分力的矢量和，可由力多边形的封闭边确定，合力的作用线通过力系的汇交点。矢量关系式为

$$R = F_1 + F_2 + F_3 + \cdots + F_n = \sum F_i \tag{1-3-1}$$

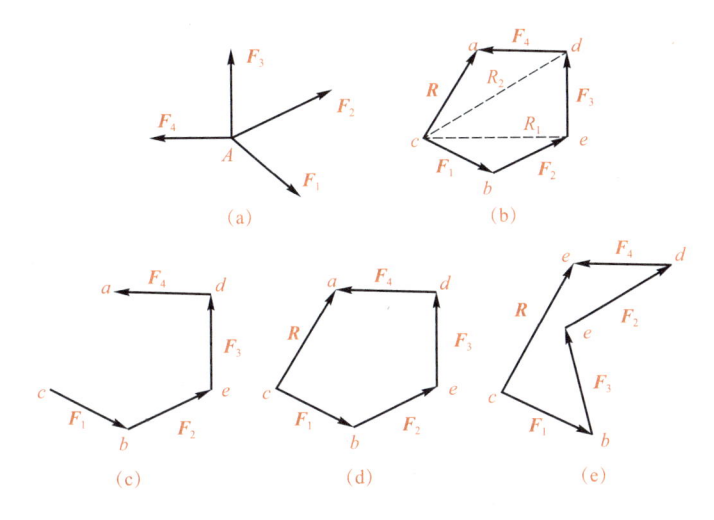

图 1-3-7 力的多边形求合力

或简写为
$$R = \sum F \text{（矢量和）} \quad (1\text{-}3\text{-}2)$$

若力系中各力的作用线位于同一条直线上，在这种特殊情况下，力多边形变成一条直线，合力为
$$R = \sum F \text{（代数和）} \quad (1\text{-}3\text{-}3)$$

需要指出的是，利用几何法对力系进行合成，对于平面汇交力系，并不要求力系中各分力的作用点位于同一点，因为根据力的可传递性原理，只要它们的作用线汇交于同一点即可。另外，几何法只适用于平面汇交力系，而对于空间汇交力系来说，由于作图不方便，用几何法求解是不适宜的。

对于由多个力组成的平面汇交力系，用几何法进行简化的优点是直观、方便、快捷，画出力多边形后，按与画分力同样的比例，用尺子和量角器即可量得合力的大小和方向。但是，这种方法要求作图精确、准确，否则误差会较大。

3.2 汇交力系合成的解析法

如图 1-3-8 所示，当平面汇交力系中各分力已知时，其合力 R 在 x 和 y 轴上的投影分别为 R_x 和 R_y，可由合力投影定理求出，即

$$R_x = F_{1x} + F_{2x} + F_{3x} + \cdots + F_{nx} = \sum F_{ix}$$
$$R_y = F_{1y} + F_{2y} + F_{3y} + \cdots + F_{ny} = \sum F_{iy} \quad (1\text{-}3\text{-}4)$$

根据几何关系，如图 1-3-8 所示，可确定合力 R 的大小、方向。

$$R = \sqrt{R_x^2 + R_y^2} = \sqrt{\left(\sum F_{ix}\right)^2 + \left(\sum F_{iy}\right)^2}$$

$$\alpha = \arctan\left|\frac{R_y}{R_x}\right| = \arctan\left|\frac{\sum F_{iy}}{\sum F_{ix}}\right| \tag{1-3-5}$$

式中 α——合力 **R** 与 x 轴所夹的锐角。

R 的作用线和箭头指向哪个象限由 R_x 和 R_y 的正负号确定，如图 1-3-9 所示。

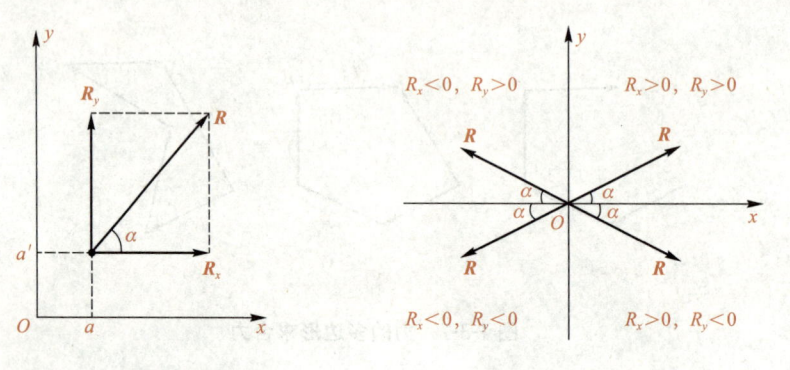

图 1-3-8 合成的解析法

图 1-3-9 合力的指向

能力训练

1. 操作条件

如图 1-3-10 所示，固定的圆环上作用着共面的三个力，已知 $F_1=10$ kN，$F_2=20$ kN，$F_3=25$ kN，三个力均通过圆心 O。试用几何法和解析法求此力系合力的大小与方向。

2. 操作过程

（1）几何法操作过程（表 1-3-1）。

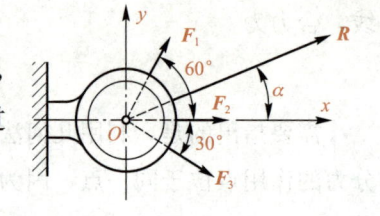

图 1-3-10

表 1-3-1 几何法操作过程

序号	步骤	操作方法及说明	质量标准
1	确定研究对象	研究对象为圆环，作用力有三个力 F_1、F_2、F_3，三个力的作用线汇交于圆环的中心点 O	能正确分析研究对象，并分析受力

· 20 ·

续表

序号	步骤	操作方法及说明	质量标准
2	用几何法合成 R_1	取比例尺为：1 cm 代表 10 kN，画力多边形，如下图所示。用三角形法则，首先将 F_2 和 F_3 合成为 R_1	会用三角形法则求合力
3	用几何法合成 R	取比例尺为：1 cm 代表 10 kN，画力多边形，如下图所示。用三角形法则，将 F_1 和 R_1 合成为 R	会用三角形法则求合力

(2)解析法操作过程(表 1-3-2)。

表 1-3-2 解析法操作过程

序号	步骤	操作方法及说明	质量标准
1	求各分力的投影	取下图中所示的直角坐标系 xOy，则各分力的投影分别为 $F_{1x}=F_1\cos30°=10×\cos30°=8.66(kN)$ $F_{1y}=F_1\sin30°=10×\sin30°=5(kN)$（方向向下） $F_{2x}=F_2\cos0°=20×\cos0°=20(kN)$ $F_{2y}=F_2\sin0°=20×\sin0°=0(kN)$ $F_{3x}=F_3\cos60°=25×\cos60°=12.5(kN)$ $F_{3y}=F_3\sin60°=25×\sin60°=21.65(kN)$	选定坐标系，求各分力沿坐标轴的投影

续表

序号	步骤	操作方法及说明	质量标准
2	求分力在坐标轴上投影的代数和	$R_x = F_{1x} + F_{2x} + F_{3x} = 8.66 + 20 + 12.5 = 41.16 (\text{kN})$ $R_y = F_{1y} + F_{2y} + F_{3y} = -5 + 0 + 21.65 = 16.65 (\text{kN})$	会求合力沿坐标轴的投影
3	求合力的大小和方向	合力的大小为 $R = \sqrt{R_x^2 + R_y^2} = \sqrt{41.16^2 + 16.65^2} = 44.40 (\text{kN})$ 合力的方向为 $\tan\alpha = \left\lvert\dfrac{R_y}{R_x}\right\rvert = \dfrac{16.65}{41.16}$ $\alpha = \arctan\left\lvert\dfrac{R_y}{R_x}\right\rvert = \arctan\dfrac{16.65}{41.16} = 21.79°$ 第一象限	会求合力的大小和方向

❖ **问题情境**

如图 1-3-11 所示，一圆环受到三根绳子的拉力作用，方向如图 1-3-11 所示。$F_{T1} = 6$ kN，$F_{T2} = 8$ kN，现要求这三个力的合力方向铅垂向下，大小为 15 kN，试确定 F_{T3} 的大小和方向。

提示：这三个力汇交于一点，属于平面汇交力系。根据题目条件可知，$R_x = F_{T1x} + F_{T2x} + F_{T3x} = 0$，$R_y = F_{T1y} + F_{T2y} + F_{T3y} = 15$，利用两个等式可求出 F_{T3x} 和 F_{T3y} 的大小，然后利用分力和合力的关系，求出 F_{T3} 的大小和方向。

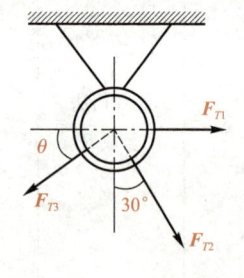

图 1-3-11　问题情境图

3. 学习结果评价

学习结果评价见表 1-3-3。

表 1-3-3　学习结果评价

序号	评价内容	评价标准	评价结果
1	平面力系分类	能说出受力图属于平面力系的种类	是/否
2	合力的计算	能正确计算合力的大小并判断指向	是/否
是否可以进行下一步学习(是/否)			

📖 **课后作业**

1. 一平面汇交力系如图 1-3-12 所示，已知 $F_1 = 60$ kN，$F_2 = 80$ kN，$F_3 = 50$ kN，$F_4 = 100$ kN，请用解析法求力系的合力。

2. 已知 $T_1 = 5$ kN，$T_2 = 1$ kN，$T_3 = 6$ kN，方向如图 1-3-13 所示，试用解析法求作用在支架上点 O 的三个力的合力的大小和方向。

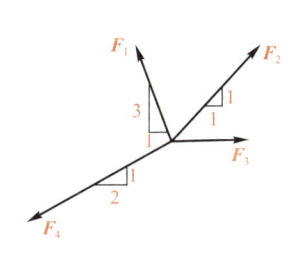

图 1-3-12　课后作业题 1 图　　　　　图 1-3-13　课后作业题 2 图

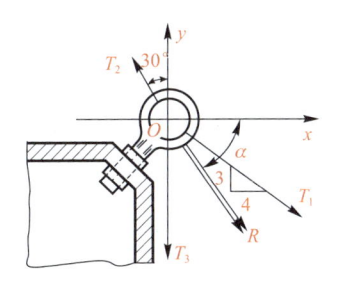

职业能力 4　能进行力的平移

核心概念

力矩：用力的大小与力臂的乘积 $F \cdot d$ 加上正号或负号来表示力 F 使物体绕 O 点转动的效应（图 1-4-1），称为力 F 对 O 点的矩，简称力矩，用符号 $M_O(F)$ 或 M_O 表示。

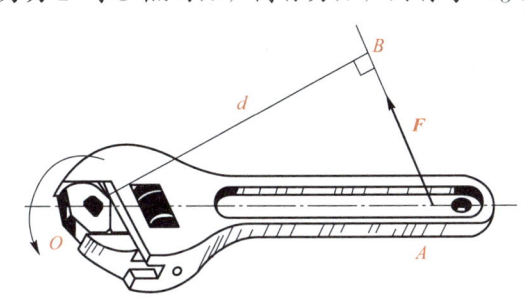

图 1-4-1　力对点的矩

力偶：在力学中，将大小相等、方向相反、作用线相互平行的两个力称为力偶，并记为 (F, F')，如图 1-4-2 所示。

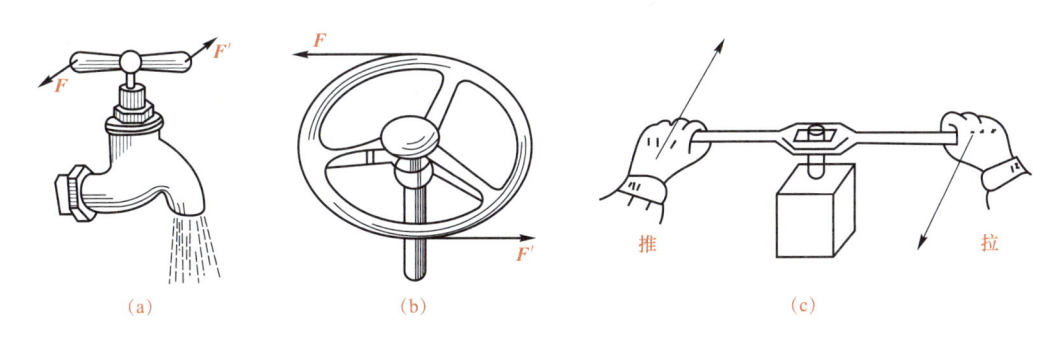

(a)　　　　　(b)　　　　　(c)

图 1-4-2　力偶实例

> 学习目标

(1)能说出力矩、力偶的基本概念；
(2)能正确计算力矩和力偶；
(3)能判断力矩和力偶的方向。

> 基本知识

■ 4.1 力矩的计算

力除了能使物体移动外，还能使物体转动。例如，用扳手拧螺母时，加力可使扳手绕螺母中心转动；拉门把手拽门，可把门打开，也是加力使门产生转动效应的实例。力 F 使扳手绕螺母中心 O 转动的效应，不仅与力的大小成正比，还与螺母中心到该力作用线的垂直距离 d 成正比。因此，可用两者的乘积 $F \cdot d$ 来度量力 F 对扳手的转动效应。转动中心 O 称为矩心，矩心到力的作用线的垂直距离 d 称为力臂，矩心和力的作用线所决定的平面称为力矩作用面，过矩心与此平面垂直的直线称为该力矩使物体转动的转轴。

一般规定：顺着转轴观察力矩作用面使物体产生逆时针方向转动的力矩为正，反之为负，如图 1-4-3 所示。所以，力对点的矩是代数量，即 $M_O(F) = \pm F \cdot d$。

力矩的单位是力与长度单位的乘积。我国法定计量单位中用 N·m 或 kN·m。

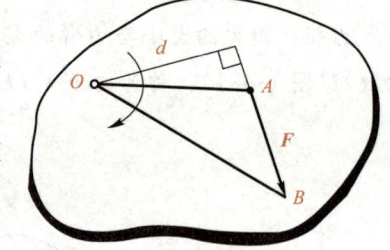

图 1-4-3 力矩的作用面

力矩在两种情况下等于零：一种是力等于零；另一种是力的作用线通过矩心，即力臂等于零。

■ 4.2 合力矩定理

由平行四边形公理可知，两个共点力的作用效应可以用它的合力 R 代替，这里作用效应当然包括物体绕某点转动的效应，而力使物体绕某点的转动效应由力对该点的矩来度量。因此可得，合力对某一点之矩等于各分力对同一点之矩的代数和，这就是合力矩定理。它用下式表示：

$$M_O(R) = M_O(R_x) + M_O(R_y) \tag{1-4-1}$$

需注意的是，它具有普遍意义。它适用任意两个或两个以上的分力，在今后的计算中，常常利用合力矩定理来求解，它的应用是很广泛的。

$$M_O(P) = M_O(P_1) + M_O(P_2) + \cdots + M_O(P_n) = \sum M_O \tag{1-4-2}$$

■ 4.3 力偶矩的计算

在生产实践和日常生活中，常看到物体同时受到大小相等、方向相反、作用线互相平行的两个力作用的现象。例如，拧水龙头时，人的手作用在开关上的两个力 $\boldsymbol{F}$ 和 $\boldsymbol{F}'$；汽车司机用两手转动方向盘时，作用在方向盘上的力 $\boldsymbol{F}$ 和 $\boldsymbol{F}'$。

力偶中两个力的作用线所决定的平面叫作力偶作用面，如图 1-4-4 所示，若作用面不同，力偶对物体所产生的转动效应也不同。力偶中两力作用线间的垂直距离 d 叫作力偶臂，如图 1-4-4 所示。

力对物体的作用效果是使物体产生转动，它实际上是组成力偶的两个力作用效果的叠加，力偶使物体转动的效应用力偶矩来度量。力偶矩表示为 $m(\boldsymbol{F}、\boldsymbol{F}')$，也可简写为 m，它等于力偶中力的大小与力偶臂的乘积，再加上正负号，即

$$m(\boldsymbol{F},\boldsymbol{F}')=m=\pm F \cdot d \tag{1-4-3}$$

式中，正负号表示力偶的转动方向，与力矩的规定相同，逆时针转动为正，顺时针转动为负，力偶矩的单位与力矩的单位相同。

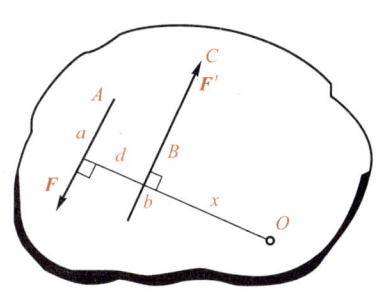

图 1-4-4 力偶作用面

■ 4.4 力偶的性质

（1）力偶不能与单个力等效或平衡。力偶只能使物体产生转动，由于组成力偶的两个力大小相等、方向相反，所以它们在任意轴上的投影代数和恒等于零，不能用一个力与力偶等效，也不能用一个力与力偶平衡，力偶只能和力偶等效，力偶只能和力偶平衡。

（2）力偶对其作用面内任一点的矩，恒等于力偶矩。设有力偶 $(\boldsymbol{F}、\boldsymbol{F}')$，其力偶臂为 d，如图 1-4-4 所示，在力偶作用面内任取一点 O 为矩心，以 $m_O(\boldsymbol{F}、\boldsymbol{F}')$ 表示力偶对点 O 的矩，则

$$m_O(\boldsymbol{F},\boldsymbol{F}')=m_O(\boldsymbol{F})+m_O(\boldsymbol{F}')=F(d+x)-F'x=F \cdot d=m \tag{1-4-4}$$

由此可见，平面力偶中的两个力，对作用面内任一点之矩恒等于力偶矩，而与矩心位置无关。

（3）在同一平面内，两个力偶的等效条件：其力偶矩的代数值相等，且转动方向相同。由此可得出如下推论。

①力偶可在其作用面内任意移动和转动，而不改变它对刚体的作用效应。

②只要力偶矩保持不变，就可以同时改变力偶中力的大小和力偶臂的长短，而不改变它对刚体的作用效应，如图 1-4-5 所示。

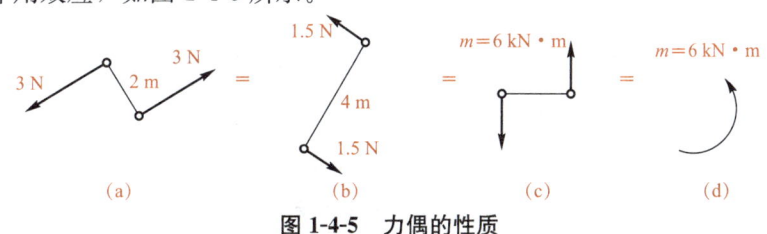

图 1-4-5 力偶的性质

4.5 力的平移

设刚体的 A 点作用着一个力 F，如图 1-4-6(a) 所示，在此刚体上任取一点 B。现在我们来讨论怎样才能把力 F 平移到 B 点，而不改变其原来的作用效应。为此，可在 B 点加上两个大小相等、方向相反，与 F 平行的力 F' 和 F''，且 $F'=F''=F$，如图 1-4-6(b) 所示，根据加减平衡力系公理，F，F' 和 F'' 与图 1-4-6(a) 所示的 F 对刚体的作用效应相同。显然 F'' 和 F 组成一个力偶，其力偶矩 $m=F \cdot d=m_O(F)$，这三个力可转换为作用在 B 点的一个力和一个力偶，如图 1-4-6(c) 所示。

由此可推出力的平移定理：作用在刚体上的力 F，可以平移到同一刚体上的任一点 B，但必须附加一个力偶，其力偶矩等于力 F 对新作用点 B 之矩。

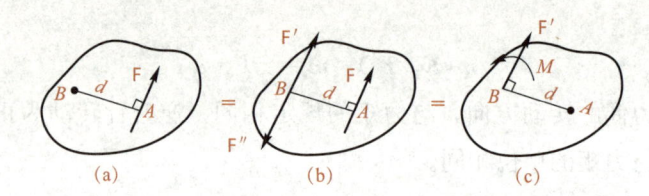

图 1-4-6 力的平移

顺便指出，根据上述力的平移的逆过程，共面的一个力和一个力偶总可以合成为一个力，该力的大小和方向与原力相同，作用线间的垂直距离为

$$d=\frac{|m|}{F'} \tag{1-4-5}$$

力的平移定理是一般力系向一点简化的理论依据，也是分析力对物体作用效应的一个重要方法。

能力训练

1. 操作条件

图 1-4-7(a) 所示的厂房柱子受到吊车梁传来的荷载 P 的作用，试分析 P 的作用效应。

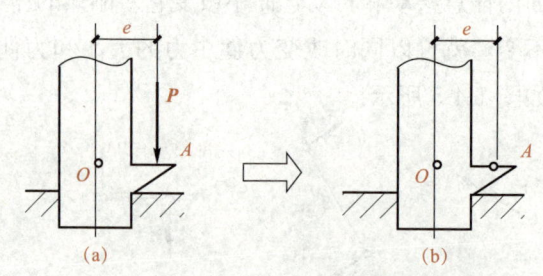

图 1-4-7 厂房柱吊车梁受力示意

2. 操作过程

操作过程见表1-4-1。

表1-4-1 操作过程

序号	步骤	操作方法及说明	质量标准
1	找到简化中心	(a) 外力 P 作用在牛腿上,并与柱子中心线平行。要研究 P 对柱的作用效应,就需要把力 P 移动到柱子上,所以选柱子的中心线上任一点 O 作为简化中心	能合理地找到简化中心
2	加平衡力	(a) 在柱子中心线上加一对平衡力 P' 和 P''(两个力大小相等且都等于 P,方向相反,作用线相同)	能正确加平衡力
3	简化	(b) 由于 P 与 P'' 是一对大小相等,方向相反,距离为 e 的力,组成一对力偶,所以可以用力偶矩 $m=P \cdot e$(顺时针)代替,这样作用在牛腿 A 点上的力 P 就可以用作用在柱子中心线上的力 P' 和力偶矩 m 代替	能用力偶矩 m 代替力偶的作用

❖ **问题情境**

已知力 $F=400$ N，方向和作用点如图1-4-8所示。试求：

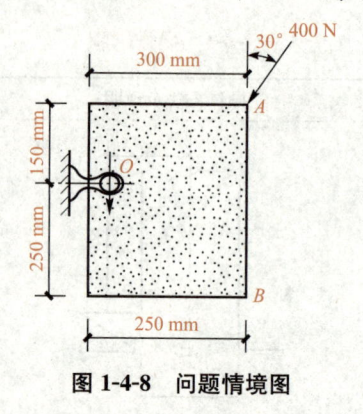

图 1-4-8 问题情境图

(1)此力对 O 点的力矩。

(2)若在 B 点加一水平力，使它对 O 点的力矩等于(1)的矩，求这个水平力的大小并确定方向。

(3)要在 B 点加一最小的力，使它对 O 点的力矩等于(1)的矩，求这个最小的力。

提示： (1)由于 F 到 O 点的距离不好确定，所以可以利用合力矩定理求力 F 对 O 点的力矩。

(2)力矩相同，则力矩的大小相等，转向相同，如图1-4-8所示。

(3)要求力最小，即力臂要最大，此时可连接 O、B，并将 OB 作为力臂来进行计算。

3. 学习结果评价

学习结果评价见表1-4-2。

表 1-4-2 学习结果评价

序号	评价内容	评价标准	评价结果
1	力矩、力偶的基本知识	知道力矩和力偶；知道力偶的基本性质	是/否
2	力矩和力偶的计算	能正确计算力矩和力偶，并能正确判断力矩和力偶的方向	是/否
3	力的平移	能根据力的平移定理进行结构受力简化	是/否
是否可以进行下一步学习(是/否)			

💡 **课后作业**

如图1-4-9所示，柱子的 A 点承受由吊车梁传来的荷载 $F=100$ kN。求将力 F 向柱子

· 28 ·

轴线上 B 点平移后的等效力系。

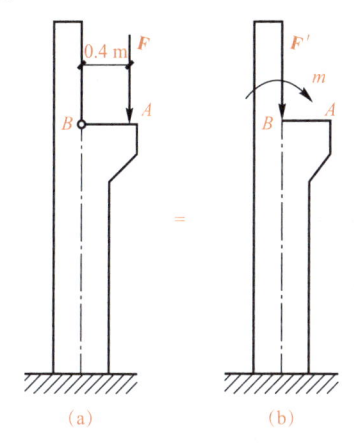

图 1-4-9 课后作业图

职业能力 5　能求解平面一般力系的合力

核心概念

平面一般力系：在平面力系中，若各力的作用线在同一平面内既不汇交于一点，也不相互平行，则该系称为平面一般力系，如图 1-5-1 所示。

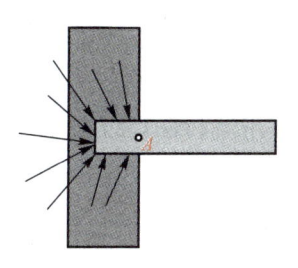

图 1-5-1 平面一般力系

学习目标

(1) 能理解平面一般力系简化的原理；
(2) 能正确计算平面一般力系简化的合力；
(3) 能说出平面一般力系简化的结果。

基本知识

5.1 平面一般力系合成的方法

设在物体上作用有平面一般力系 F_1，F_2，F_3，…，F_n，如图 1-5-2(a)所示。为了求这个力系的合力，先通过力的平移将平面一般力系转变成汇交力系。假设将力系平移到点 O，如图 1-5-2(b)所示，将得到一个平面汇交力系 F'_1，F'_2，F'_3，…，F'_n 和一个附加的平面力偶系 m_1，m_2，…，m_n。

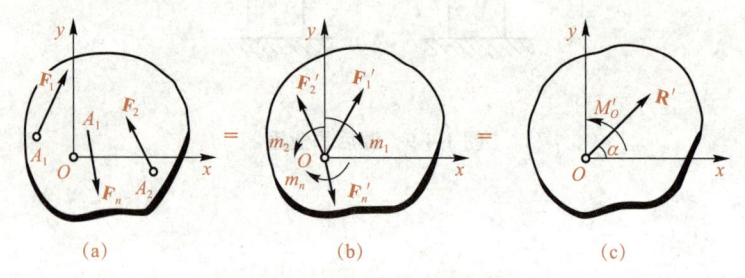

图 1-5-2 平面一般力系的简化

其中，平面汇交力系中各力的大小和方向分别与原力系中对应的各力相同，即

$$F'_1 = F_1,\ F'_2 = F_2,\ \cdots,\ F'_n = F_n$$

各附加的力偶矩分别等于原力系中各力对简化中心 O 点之矩，即

$$m_1 = M_O(F_1),\ m_2 = M_O(F_2),\ \cdots,\ m_n = M_O(F_n)$$

由平面汇交力系合成的理论可知，F'_1，F'_2，F'_3，…，F'_n 可合成为一个作用于 O 点的力 R'，并称为原力系的主矢，如图 1-5-2(c)所示，即

$$R' = F'_1 + F'_2 + F'_3 + \cdots + F'_n = F_1 + F_2 + F_3 + \cdots + F_n = \sum F_i$$

求主矢 R' 的大小和方向，可应用解析法。过 O 点取直角坐标系 xOy，如图 1-5-2 所示。主矢 R' 在 x 轴和 y 轴上的投影为

$$\left.\begin{array}{l} R'_x = F'_{1x} + F'_{2x} + \cdots + F'_{nx} = F_{1x} + F_{2x} + \cdots + F_{nx} = \sum F_{ix} \\ R'_y = F'_{1y} + F'_{2y} + \cdots + F'_{ny} = F_{1y} + F_{2y} + \cdots + F_{ny} = \sum F_{iy} \end{array}\right\} \quad (1\text{-}5\text{-}1)$$

式中 F'_{ix}，F'_{iy} 和 F_{ix}，F_{iy}——力 F'_i 和 F_i 在坐标轴 x 和 y 轴上的投影。

由于 F'_i 和 F_i 大小相等、方向相同，所以它们在同一轴上的投影相等。

主矢 R' 的大小和方向为

$$R' = \sqrt{R'^2_x + R'^2_y} = \sqrt{\left(\sum F_{ix}\right)^2 + \left(\sum F_{iy}\right)^2} \quad (1\text{-}5\text{-}2)$$

$$\tan\alpha = \left|\frac{R'_y}{R'_x}\right| = \left|\frac{\sum F_{iy}}{\sum F_{ix}}\right| \quad (1\text{-}5\text{-}3)$$

α 为 R' 与 x 轴所夹的锐角，R' 的指向由 $\sum F_{ix}$ 和 $\sum F_{iy}$ 的正负号确定。

由力偶系合成的理论知，m_1，m_2，$\cdots$，m_n 可合成为一个力偶，如图 1-5-2(c)所示，并称为原力系对简化中心 O 的主矩，即

$$M'_O = m_1 + m_2 + \cdots + m_n = M_O(\boldsymbol{F}_1) + M_O(\boldsymbol{F}_2) + \cdots + M_O(\boldsymbol{F}_n) = \sum M_O(\boldsymbol{F}_i)$$

(1-5-4)

结论：平面一般力系向作用面内任一点简化的结果，是一个力和一个力偶。这个力作用在简化中心，它的矢量称为原力系的主矢，并等于原力系中各力的矢量和；这个力偶的力偶矩称为原力系对简化中心的主矩，并等于原力系各力对简化中心的力矩的代数和。

应当注意，作用于简化中心的力 $\boldsymbol{R}'$ 一般并不是原力系的合力，力偶矩 M'_O 也不是原力系的合力偶，只有 $\boldsymbol{R}'$ 与 M'_O 两者相结合才与原力系等效。

由于主矢等于原力系各力的矢量和，因此主矢 $\boldsymbol{R}'$ 的大小和方向与简化中心的位置无关。而主矩等于原力系各力对简化中心的力矩的代数和，取不同的点作为简化中心，各力的力臂都要发生变化，则各力对简化中心的力矩也会改变，因此，主矩一般随着简化中心的位置不同而改变。

5.2　平面一般力系简化结果的讨论

平面力系向一点简化，一般可得到一力和一个力偶，但这并不是最后简化结果。根据主矢与主矩是否存在，可能出现下列几种情况。

(1)若 $R'=0$，$M'_O \neq 0$，说明原力系与一个力偶等效，而这个力偶的力偶矩就是主矩。

由于力偶对平面内任意一点之矩都相同，因此当力系简化为一力偶时，主矩和简化中心的位置无关，无论向哪一点简化，所得的主矩相同。

(2)若 $R' \neq 0$，$M'_O = 0$，则作用于简化中心的力 $\boldsymbol{R}'$ 就是原力系的合力，作用线通过简化中心。

(3)若 $R' \neq 0$，$M'_O \neq 0$，这时根据力的平移定理的逆过程，可以进一步合成为合力 $\boldsymbol{R}'$，如图 1-5-3 所示。

将力偶矩为 M'_O 的力偶用两个反向平行力 $\boldsymbol{R}'$，$\boldsymbol{R}''$ 表示，并使 $\boldsymbol{R}'$ 和 $\boldsymbol{R}''$ 等值、共线，使它们构成一平衡力[图 1-5-3(b)]，为保持 M'_O 不变，只要取力臂 d 为

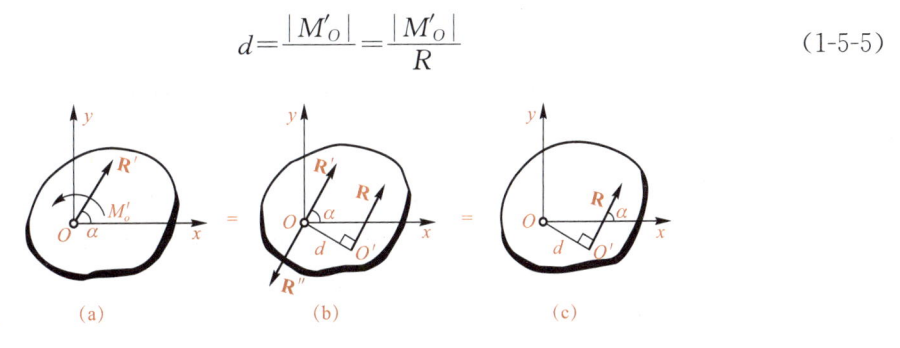

$$d = \frac{|M'_O|}{|M'_O|} = \frac{|M'_O|}{R}$$

(1-5-5)

图 1-5-3　平面一般力系的简化结果

将 R'' 和 R' 这一平衡力系去掉，这样就只剩下 R 力与原力系等效，如图 1-5-3 所示。合力 R 在 O 点的哪一侧，由 R 对 O 点的矩的转向应与主矩 M'_O 的转向相一致来确定。

(4) $R'=0$，$M'_O=0$，此时力系处于平衡状态。

5.3 平面一般力系的合力矩定理

由上面分析可知，当 $R' \neq 0$，$M'_O \neq 0$ 时，还可进一步简化为一合力 R，如图 1-5-3 所示，合力对 O 点的矩是

$$M_O(\boldsymbol{R}) = R \cdot d$$

而

$$R \cdot d = M'_O, \quad M'_O = \sum M_O(\boldsymbol{R})$$

所以

$$M_O(\boldsymbol{R}) = \sum M_O(\boldsymbol{R})$$

由于简化中心 O 是任意选取的，故上式具有普遍意义，于是可得到平面一般力系的合力矩定理：平面一般力系的合力对作用面内任一点之矩等于力系中各力对同一点之矩的代数和。

能力训练

能力训练 1

1. 操作条件

如图 1-5-4 所示，梁 AB 的 A 端是固定端支座，试用力系向某点简化的方法说明固定端支座的反力情况。

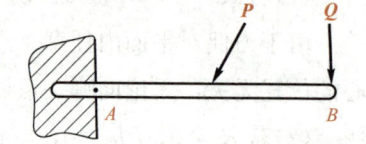

图 1-5-4 能力训练 1 图

2. 操作过程

操作过程见表 1-5-1。

表 1-5-1 操作过程

序号	步骤	操作方法及说明	质量标准
1	固定端支座分析	梁的 A 端嵌入墙成为固定端，固定端约束的特点是使梁的端部既不能移动，也不能转动。在主动力作用下，梁插入部分与墙接触的各点受到大小和方向都不同的约束反力作用，这些约束反力就构成一个平面一般力系	能正确分析受力，并画出受力图

续表

序号	步骤	操作方法及说明	质量标准
2	力的简化	将该力系向梁上 A 点简化就得到一个力 R_A 和一个力偶矩为 M_A 的力偶	能正确进行力的简化
3	合力的分解	为了便于计算，一般可将约束反力 R_A 用它的水平分力 X_A 和垂直分力 Y_A 来代替。结论：固定端支座的约束反力包括三个，即阻止梁端向任何方向移动的水平反力 X_A 和竖向反力 Y_A，以及阻止物体转动的反力偶 M_A。它们的指向都是假定的	能正确进行合力的分解

能力训练 2

1. 操作条件

已知素混凝土水坝自重 $G_1=600$ kN，$G_2=300$ kN，水压力在最低点的荷载集度 $q=80$ kN/m，各力的方向及作用线位置如图 1-5-5 所示。试将这三个力向底面 A 点简化，并求简化的最后结果。

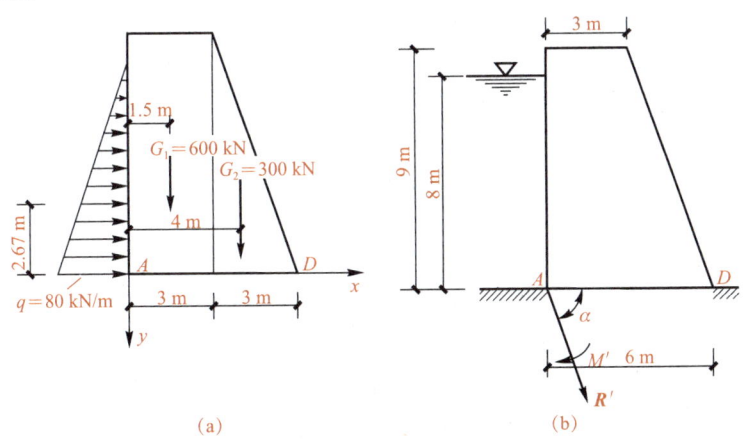

图 1-5-5 能力训练 2 图

2. 操作过程

操作过程见表1-5-2。

表 1-5-2 操作过程

序号	步骤	操作方法及说明	质量标准
1	受力分析	水坝受力主要是重力 G_1，G_2，还有水压力 F，G_1，G_2 作用线和方向如上图所示，水压力 F 的作用线在距水坝底 1/3 水深处，水平向右	能正确分析受力，并画出受力图
2	力的简化	如上图所示，根据力的平移定理，G_1 移动到 A 点得到力 G_1 和力偶矩 $M_A(G_1)$，G_2 移动到 A 点得到力 G_2 和力偶矩 $M_A(G_2)$，F 移动到 A 点得到力 F 和力偶矩 $M_A(F)$，其方向如上图所示，其大小为 $G_1 = 600 \text{ kN}$ $G_2 = 300 \text{ kN}$ $F = \frac{1}{2} \times q \times 8 = \frac{1}{2} \times 80 \times 8 = 320 (\text{kN})$ $M_A(G_1) = -G_1 \times \frac{3}{2} = -900 (\text{kN} \cdot \text{m})$ $M_A(G_2) = -G_2 \times 4 = -1\,200 (\text{kN} \cdot \text{m})$ $M_A(F) = -F \times 2.67 = -854.4 (\text{kN} \cdot \text{m})$	能正确进行力的简化

续表

序号	步骤	操作方法及说明	质量标准
3	力的合成	上述力合成为竖直力和水平力及力偶矩分别为 $$\sum F_{ix} = F = 320 \text{ kN}$$ $$\sum F_{iy} = -(G_1 + G_2) = -900 \text{ kN}$$ 主矢 R' 的大小和方向为 $$R' = \sqrt{\left(\sum F_{ix}\right)^2 + \left(\sum F_{iy}\right)^2} = \sqrt{(320)^2 + (-900)^2}$$ $$= 955.20(\text{kN})$$ $$\tan\alpha = \left|\frac{\sum F_{iy}}{\sum F_{ix}}\right| = \frac{900}{320} = 2.813$$ $$\alpha = 70.43°$$ 则主矩为 $$\sum M_A = -M_A(\boldsymbol{G_1}) - M_A(\boldsymbol{G_2}) - M_A(\boldsymbol{F})$$ $$= -2\ 954.4 \text{ kN} \cdot \text{m}$$	能正确进行力的合成
4	进一步合成	因为主矢 $R' \neq 0$，主矩 $M_A' \neq 0$，所以还可进一步合成为一个合力 $\boldsymbol{R}$。$\boldsymbol{R}$ 的大小、方向与 $\boldsymbol{R'}$ 相同，它的作用线与 A 点的距离为 $$d = \frac{|M_A|}{R'} = \frac{2\ 954.4}{955.2} = 3.09(\text{m})$$ 因 M_A' 为负，故 $M_A(\boldsymbol{R})$ 也应为负，即合力 $\boldsymbol{R}$ 应在 A 点右侧，如上图所示	当主矩、主矢都不为 0 时，能进一步合成为一个力

· 35 ·

❖ **问题情境 1**

上题中，如果将这三个力向底面 D 点简化，其简化结果会与向 A 点简化的结果一样吗？如果不一样，请分析不一样的地方。

提示：平面一般力系向某点简化可以得到一个力和一个力偶，即主矢和主矩，主矢与力的大小有关，而主矩与简化中心有关。

❖ **问题情境 2**

上题中，将这三个力向底面 D 点简化后能不能进一步简化成一个合力？

提示：当合成结果主矢 $R'\neq 0$，主矩 $M_A'\neq 0$ 时还可以通过力的平移合成为一个合力 R。

3. 学习结果评价

学习结果评价见表 1-5-3。

表 1-5-3　学习结果评价

序号	评价内容	评价标准	评价结果
1	平面一般力系的合力	能正确使用力的平移定理；能正确计算平面一般力系合成的结果	是/否
是否可以进行下一步学习(是/否)			

课后作业

已知一钢板，在其平面内受到 F_1，F_2 及 M_e 的作用（图 1-5-6）。已知 $F_1=20$ kN，$F_2=30$ kN，$M_e=100$ kN·m，求此力系合成的结果。

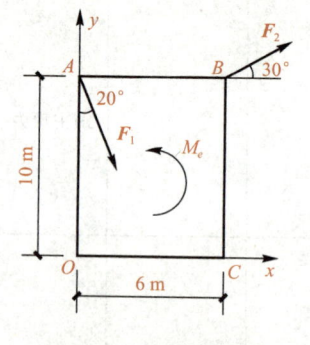

图 1-5-6　课后作业图

职业能力 6　能求解支座反力

核心概念

平衡：在一般工程问题中，物体相对于地面处于静止或作匀速直线运动的状态，称为平衡。例如，房屋、水坝、桥梁相对于地球是保持静止的，是一种平衡；沿直线匀速起吊的构件、沿公路匀速行驶的汽车，也是一种平衡。

平衡力系：使物体保持平衡的力系，称为平衡力系。

学习目标

能利用平衡条件求解构件受到的支座反力。

基本知识

6.1 平面一般力系的平衡条件

平面一般力系向任一点简化时，若主矢、主矩同时等于零，则该力系为平衡力系。因此，平面一般力系处在平衡状态的必要与充分条件是力系的主矢与力系对于任一点的主矩都等于零，即

$$R' = 0, \quad M_O' = 0$$

根据式(1-5-2)及式(1-5-3)，可得到平面一般力系的平衡条件为

$$\left.\begin{array}{l} \sum F_{ix} = 0 \\ \sum F_{iy} = 0 \\ \sum M_O = 0 \end{array}\right\} \tag{1-6-1}$$

式(1-6-1)说明，力系中所有力在两个坐标轴上的投影的代数和均等于零，所有各力对任一点之矩的代数和等于零。

式(1-6-1)中包含两个投影方程和一个力矩方程，是平面一般力系平衡方程的基本形式。这三个方程是彼此独立的（即其中的一个不能由另外两个得出），因此可求解三个未知量。

6.2 平面一般力系平衡方程的其他形式

上面通过平面一般力系的平衡条件导出了平面一般力系平衡方程的基本形式，除这种形式外，还可将平衡方程表示为二力矩形式及三力矩形式。

1. 二力矩形式的平衡方程

在力系作用面内任取两点 A，B 及 x 轴，如图 1-6-1 所示，可以证明平面一般力系的平衡方程可改写成两个力矩方程和一个投影方程的形式，即

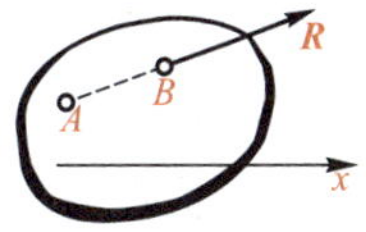

图 1-6-1 二力矩形式的平衡方程推导

$$\left.\begin{array}{l} \sum F_{ix} = 0 \\ \sum M_A = 0 \\ \sum M_B = 0 \end{array}\right\} \tag{1-6-2}$$

式中，x 轴不与 A，B 两点的连线垂直。

证明：首先将平面一般力系向 A 点简化，一般可得到过 A 点的一个力和一个力偶。若 $M_A=0$ 成立，则力系只能简化为通过 A 点的合力 $\boldsymbol{R}$ 或成平衡状态。如果 $\sum M_B=0$ 也成立，说明 $\boldsymbol{R}$ 必通过 B。可见合力 $\boldsymbol{R}$ 的作用线必为 AB 连线。又因 $\sum F_{ix}=0$ 成立，则 $R_x=\sum F_{ix}=0$，即合力 $\boldsymbol{R}$ 在 x 轴上的投影为零，因 AB 连线不垂直 X 轴，合力 R 也不垂直于 x 轴，由 $R_x=0$ 可推得 $R=0$。可见满足方程(1-6-2)的平面一般力系，若将其向 A 点简化，其主矩和主矢都等于零，从而力系必为平衡力系。

2. 三力矩形式的平衡方程

在力系作用面内任意取三个不在一直线上的点 A，B，C，如图 1-6-2 所示，则力系的平衡方程可写为三个力矩方程形式，即

$$\left.\begin{array}{l}\sum M_A = 0 \\ \sum M_B = 0 \\ \sum M_C = 0\end{array}\right\} \tag{1-6-3}$$

式中，A，B，C 三点不在同一直线上。

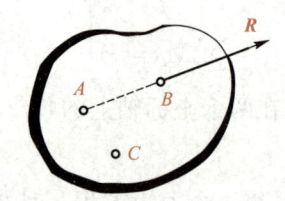

图 1-6-2　三力矩形式的平衡方程推导

与上面的讨论一样，若 $\sum M_A=0$ 和 $\sum M_B=0$ 成立，则力系合成结果只能是通过 A，B 两点的一个力(图 1-6-2)或者平衡。如果 $\sum M_C=0$ 也成立，则合力必然通过 C 点，而一个力不可能同时通过不在一直线上的三点，除非合力为零，$\sum M_C=0$ 才能成立。因此，力系必然是平衡力系。

综上所述，平面一般力系共有三种不同形式的平衡方程，即式(1-6-1)~式(1-6-3)，在解题时可以根据具体情况选取某一种形式。无论采用哪种形式，都只能写出三个独立的平衡方程，求解三个未知数。任何第四个方程都不是独立的，但可以利用这个方程来校核计算的结果。

■ 6.3　平面力系的特殊情况

平面一般力系是平面力系的一般情况。除了前面讲的平面汇交力系、平面力偶系外，还有平面平行力系都可以看作平面一般力系的特殊情况，它们的平衡方程都可以从平面一般力系的平衡方程得到，现讨论如下。

1. 平面汇交力系

对于平面汇交力系,可取力系的汇交点作为坐标的原点,如图 1-6-3(a)所示,因各力的作用线均通过坐标原点 O,各力对 O 点的矩必为零,即恒有 $\sum M_O = 0$。因此,只剩下两个投影方程:

$$\sum F_{ix} = 0, \sum F_{iy} = 0$$

即平面汇交力系的平衡方程。

2. 平面力偶系

平面力偶系如图 1-6-3(b)所示,因构成力偶的两个力在任何轴上的投影必为零,则恒有 $\sum F_{ix} = 0$ 和 $\sum F_{iy} = 0$,只剩下第三个力矩方程,但因为力偶对某点的矩等于力偶矩,所以力矩方程可改写为

$$\sum m_O = 0$$

即平面力偶系的平衡方程。

3. 平面平行力系

平面平行力系是指其各力作用线在同一平面上并相互平行的力系,如图 1-6-3(c)所示,选 Oy 轴与力系中的各力平行,则各力在 x 轴上的投影恒为零,则平衡方程只剩下两个独立的方程

$$\left.\begin{array}{r}\sum F_{iy} = 0 \\ \sum M_O = 0\end{array}\right\} \tag{1-6-4}$$

若采用二力矩式(1-6-2),可得

$$\left.\begin{array}{r}\sum M_A = 0 \\ \sum M_B = 0\end{array}\right\} \tag{1-6-5}$$

式中,A,B 两点的连线不与各力作用线平行。

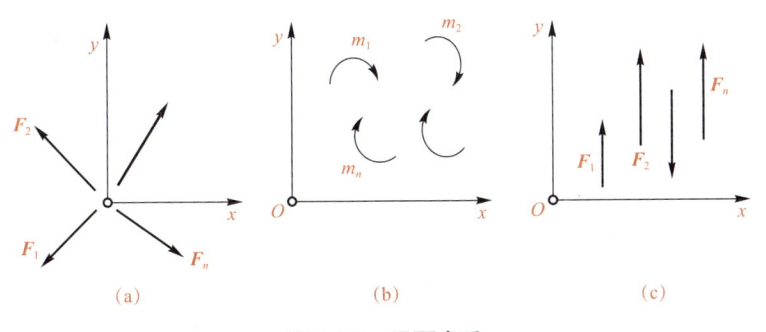

图 1-6-3 平面力系

平面平行力系只有两个独立的平衡方程,只能求解两个未知量。

能力训练

1. 操作条件

某屋架如图 1-6-4(a)所示,设左屋架及盖瓦共重 $P_1 = 3$ kN,右屋架受到风力及荷载作用,其合力 $P_2 = 7$ kN,$\boldsymbol{P}_2$ 与 BC 的夹角为 $80°$,求 A,B 支座的反力。

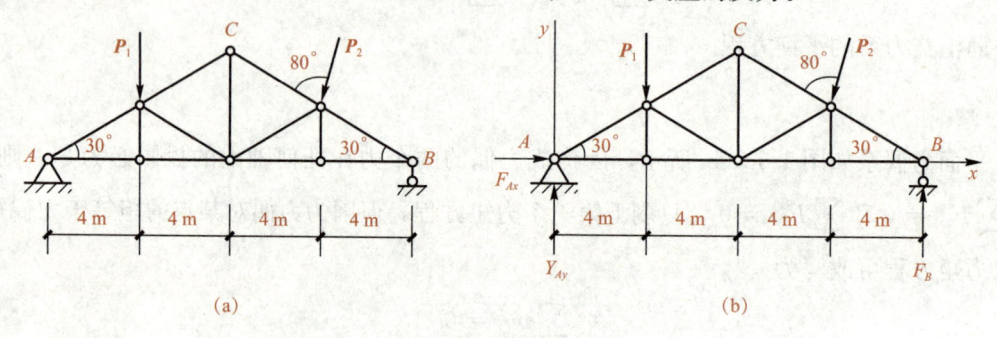

图 1-6-4 屋架支座反力

2. 操作过程

操作过程见表 1-6-1。

表 1-6-1 操作过程

序号	步骤	操作方法及说明	质量标准
1	确定研究对象	根据题意分析取整个屋架为研究对象	能根据题意分析受力,选取适当的研究对象
2	画受力图	整个屋架所承受的力有:左屋架及盖瓦重 P_1、左屋架及盖瓦重 P_2、A 支座的水平支反力和竖直支反力、B 支座的竖直支反力,受力图如图 1-6-4(b)所示。	能正确分析研究对象的受力情况并正确画出受力图
3	列平衡方程	选取坐标轴 x 轴和 y 轴,如图 1-6-4(b)所示,列出三个平衡方程: $\sum F_{ix} = 0, F_{Ax} - P_2 \cos 70° = 0$ $F_A = P_2 \cos 70° = 7 \times 0.342 = 2.39 \text{(kN)}$, $\sum M_A(F) = 0$ $F_B \times 16 - 4 \times P_1 - P_2 \sin 70° \times 12 + P_2 \cos 70° \times 4 \times \tan 30° = 0$ $F_B = \dfrac{4P_1 + 12P_2 \sin 70° - 4P_2 \cos 70° \times \tan 30°}{16}$ $= \dfrac{4 \times 3 + 12 \times 7 \times 0.94 - 4 \times 7 \times 0.342 \times 0.577}{16}$ $= 5.34 \text{(kN)}$	能正确列出平衡方程并解方程

续表

序号	步骤	操作方法及说明	质量标准
3	列平衡方程	$\sum M_B(\boldsymbol{F}) = 0 - 16F_{Ax} + 12P_1 + P_2\sin70°\times4 + P_2\cos70°\times4\times\tan30°$ $= 0$ $F_{Ax} = \dfrac{12P_1 + 4P_2\sin70° + 4P_2\cos70°\times\tan30°}{16}$ $= 4.24 \text{(kN)}$	能正确列出平衡方程并解方程
4	校核	$\sum F_{iy} = F_{Ay} + F_B - P_1 - P_2\sin70°$ $= 4.24 + 5.34 - 3 - 7\times0.94$ $= 0$ 说明计算正确无误	会选用合适的方程进行计算结果的校核

❖ 问题情境

图 1-6-5 所示为塔式起重机。已知轨距 $b=4$ m，机身重 $G=260$ kN，其作用线到右轨的距离 $e=1.5$ m，起重机平衡重 $Q=80$ kN，其作用线到左轨的距离 $a=6$ m，荷载 $\boldsymbol{P}$ 的作用线到右轨的距离 $l=12$ m。(1)试证明空载时($P=0$ 时)起重机是否会向左倾倒。(2)求出起重机不向右倾倒的最大荷载 $\boldsymbol{P}$。

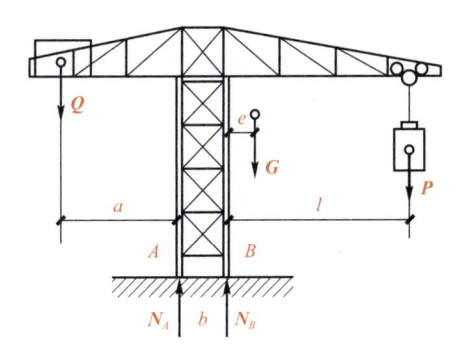

图 1-6-5 问题情境图

3. 学习结果评价

学习结果评价见表 1-6-2。

表 1-6-2 学习结果评价

序号	评价内容	评价标准	评价结果
1	构件平衡的条件	能判断出构件的受力属于哪一种力系 能准确说出力系的平衡条件	是/否
2	平衡计算	能正确列出平衡方程式并求解	是/否
是否可以进行下一步学习(是/否)			

课后作业

求三铰拱式屋架拉杆 AB 及中间 C 铰所受的力,屋架所受的力及几何尺寸如图 1-6-6 所示,屋架自重不计。

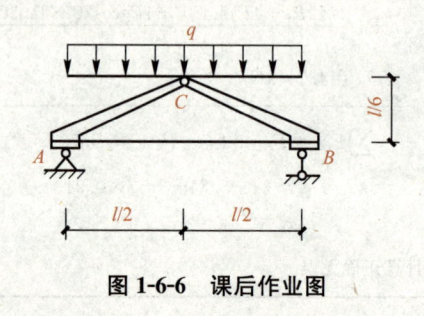

图 1-6-6 课后作业图

工作任务二 校核梁的强度

职业能力1 能计算梁的剪力和弯矩

核心概念

静定梁：梁的约束反力能用静力平衡条件完全确定的梁，称为静定梁。

剪力：在外力作用下，梁发生弯曲时，在横截面上产生的与横截面平行，使梁发生沿横截面剪切破坏的内力，称为剪力，用 Q 表示。

弯矩：在外力作用下，梁发生弯曲时，在横截面上产生的使梁发生在外力作用平面内弯曲的力偶，称为弯矩，用 M 表示。

学习目标

(1)能计算梁的剪力；
(2)能计算梁的弯矩。

工作任务 2
校核梁的强度

基本知识

1.1 平面弯曲的概念

1. 弯曲

杆受垂直于轴线的外力或外力偶矩矢量的作用时，轴线由直线变成了曲线，这种变形称为弯曲，如图2-1-1所示。

2. 梁

在工程中，承受荷载的时候，产生以弯曲

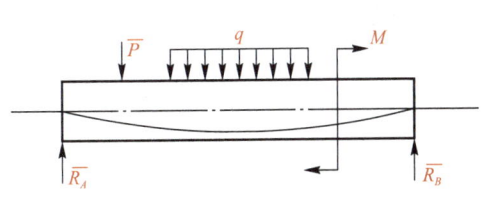

图 2-1-1 杆件弯曲

为主要变形的构件称为梁。

3. 平面弯曲

工程中常见的梁,其横截面通常采用对称形状,如矩形、圆形、T形、I形等,这些截面都有一个竖向对称轴,竖向对称轴与梁的轴线组成的平面叫作纵向对称面,如图 2-1-2 所示。

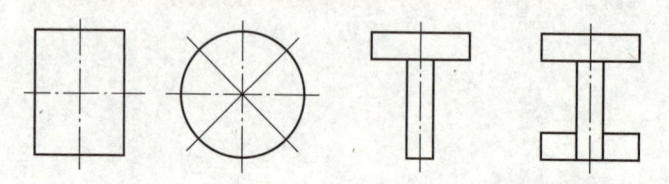

图 2-1-2 纵向对称面

当梁上所有外力均作用在纵向对称面内时,变形后的梁轴线也仍在纵向对称平面内,这种在变形后梁的轴线所在平面与外力作用面重合的弯曲称为平面弯曲,如图 2-1-3 所示。

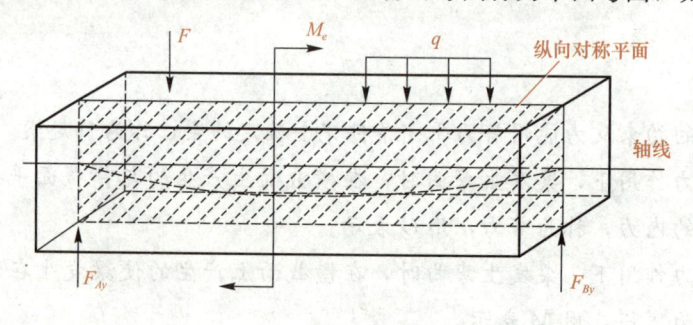

图 2-1-3 平面弯曲

■ 1.2 受弯杆件的简化

梁的支撑条件和荷载情况一般都比较复杂,为了便于分析计算,应进行必要的简化,抽象出计算简图。

1. 构件本身的简化

通常取梁的轴线来代替梁。

2. 荷载简化

通常可分为集中荷载、均布荷载和集中力偶三种荷载形式,如图 2-1-4 所示。

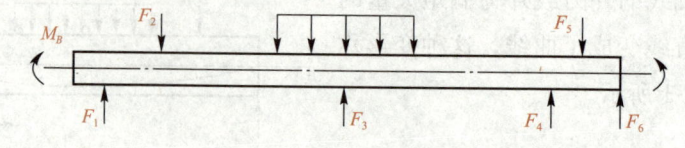

图 2-1-4 荷载简化

3. 支座简化

支座根据职业能力 1.2 中约束的特点来简化。

4. 梁的计算简图

根据约束情况的不同，单跨静定梁可分为以下三种常见形式(图 2-1-5)。

(1)简支梁：梁的一端为固定铰支座，另一端为可动铰支座。

(2)悬臂梁：梁的一端固定，另一端自由。

(3)外伸梁：简支梁的一端或两端伸出支座之外。

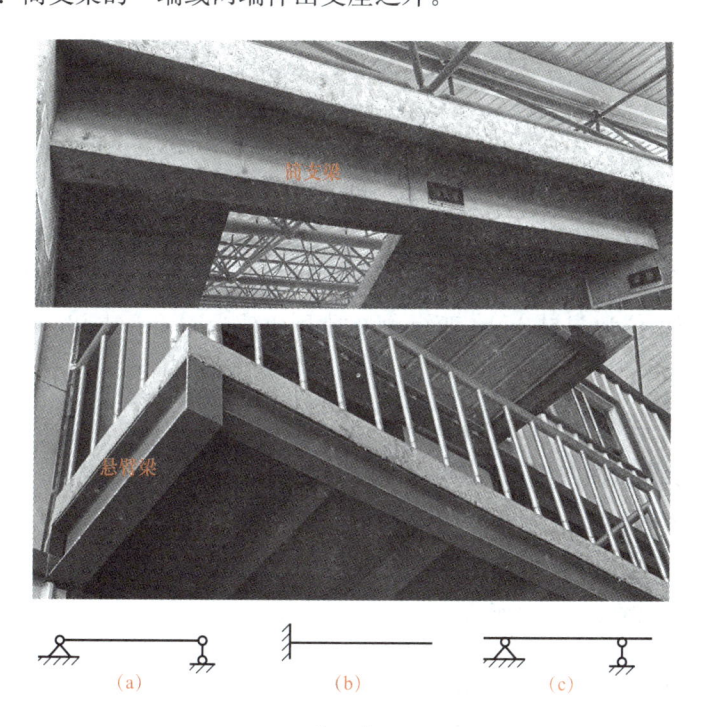

图 2-1-5 单跨静定梁的形式
(a)简支梁；(b)悬臂梁；(c)外伸梁

1.3 梁的内力计算

1. 剪力和弯矩

梁在外力作用下，其任一横截面上的内力可用截面法来确定。

以图 2-1-6(a)中的简支梁为例，现分析距 A 端 x 处横截面 $m\text{-}m$ 上的内力。如果取左段为研究对象，则右段梁对左段梁的作用以截开面上的内力来代替。

如图 2-1-6(b)所示，由于梁整体处于平衡状态，故左段必处于平衡，由静力平衡方程 $\sum F_y = 0$ 可知，截面 $m\text{-}m$ 上必有一个与 $\boldsymbol{F}_{Ay}$ 等值、反向、平行的内力 $\boldsymbol{Q}$ 存在，这个力与截面相切，称为剪力；同时，由静力平衡方程 $\sum M = 0$ 可知，截面 $m\text{-}m$ 上必然还有一个与

力矩 $F_{Ay} \cdot x$ 大小相等、转向相反的内力偶存在，这个内力偶 M 的作用面与截面垂直，这个内力偶 M 称为弯矩。

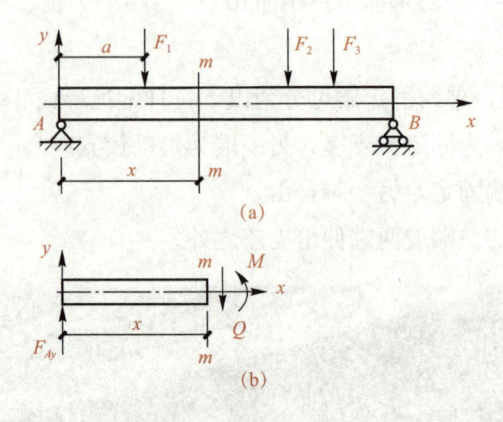

图 2-1-6　梁的内力分析

由以上分析可知，梁弯曲时横截面上存在两个内力——剪力 Q 和弯矩 M。

剪力 Q 的常用单位为 N 或 kN，弯矩 M 的常用单位为 N·m 或 kN·m。

2. 剪力和弯矩的正负号规定

为了方便计算，并考虑工程中的一些习惯，对剪力和弯矩的正负号规定如下：

(1) 使研究对象绕截面内侧产生顺时针转动趋势的剪力为正，如图 2-1-7(a)所示；反之为负，如图 2-1-7(b)所示。

(2) 使研究对象产生向下凸即该微段的下侧受拉时，横截面上的弯矩为正号，如图 2-1-7(c)所示；反之为负号，如图 2-1-7(d)所示。

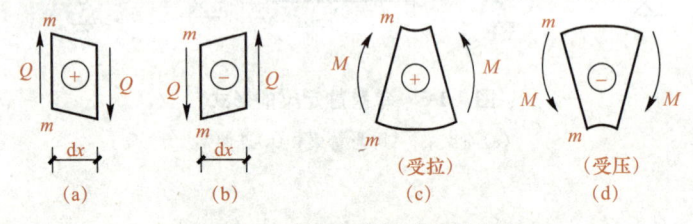

图 2-1-7　剪力和弯矩的符号规定

3. 剪力和弯矩的计算

对梁而言，不同截面上的内力是不同的，所以不能说求梁任意截面上的内力，只能求梁指定截面上的内力。求梁指定截面上的内力的方法是截面法。

用截面法求梁指定截面上的剪力和弯矩的步骤如下。

(1) 计算支座反力；

(2) 用假想截面在需求内力处将梁截成两段，取其中一侧作为研究对象；

(3) 画出研究对象的受力图(截面上的剪力和弯矩先均假设成正号)；

(4) 剪力平衡方程，求解内力。

能力训练

1. 操作条件

已知一外伸梁的受力情况如图 2-1-8 所示,试求各指定截面的剪力和弯矩。

2. 操作过程

操作过程见表 2-1-1。

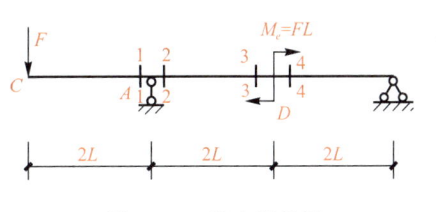

图 2-1-8　能力训练图

表 2-1-1　操作过程

序号	步骤	操作方法及说明	质量标准
1	根据平衡条件求约束反力	(1)根据支座确定约束反力,A 为可动铰支座,B 为固定铰支座,由于梁未受水平荷载的作用,故 B 处的水平支座反力必为 0,假设 AB 两处的支座反力均向上,如下图所示。 (2)根据静力平衡条件,列方程,求解支座反力。 $$\sum m_{A(F)} = F \times 2L - M_e + F_{By} \times 4L = 0$$ $$\sum m_{B(F)} = F \times 6L - F_{Ay} \times 4L - M_e = 0$$ 解方程得 $$F_{Ay} = \frac{5}{4}F, \quad F_{By} = -\frac{1}{4}F$$	(1)能正确分析梁所受的支座反力; (2)能正确列平衡方程并求解支座反力
2	利用截面法分别指定截面的内力	(1)计算 1-1 截面内力。 ①用假想的截面 1-1 将梁截开,取截面左侧为研究对象,并假设剪力和弯矩都为正,受力分析如下图: ②列平衡方程,求剪力。 $$\sum F_y = 0, \quad -F - Q_1 = 0$$ 得 $$Q_1 = -F$$ ③列平衡方程,求弯矩 $\sum m_{1-1(F)} = F \times 2L + M_1 = 0$ 得 $$M_1 = -2Fl$$	(1)取截面左侧作为研究对象并进行受力分析; (2)假设所有剪力和弯矩均为正,若计算结果为正,则代表内力为正,若计算结果为负,则代表内力为负;

续表

序号	步骤	操作方法及说明	质量标准
2	利用截面法分别指定截面的内力	(2)计算 2-2 截面内力。 ①用假想的截面 2-2 将梁截开，取截面左侧为研究对象，并假设剪力和弯矩都为正，受力分析如下图所示。 ②列平衡方程，求剪力。 $$\sum F_y = 0 \quad -F + \frac{5}{4}F - Q_2 = 0$$ 得 $Q_2 = F/4$ ③列平衡方程，求弯矩 $\sum m_{2\text{-}2(F)} = F \times 2L + M_2 = 0$ 得 $M_2 = -2Fl$ (3)计算 3-3 截面内力。 ①用假想的截面 3-3 将梁截开，取截面左侧为研究对象，并假设剪力和弯矩都为正，受力分析如下图所示。 ②列平衡方程，求剪力。 $$\sum F_y = 0, -F + \frac{5}{4}F - Q_3 = 0$$ 得 $Q_3 = F/4$ ③列平衡方程，求弯矩。 $$\sum m_{3\text{-}3(F)} = F \times 4L - \frac{5}{4}F \times 2L + M_3 = 0$$ 得 $M_3 = -3Fl/2$ (4)计算 4-4 截面内力。 ①用假想的截面 4-4 将梁截开，取截面左侧为研究对象，并假设剪力和弯矩都为正，受力分析如下图所示。 ②列平衡方程，求剪力。 $$\sum F_y = 0, -F + \frac{5}{4}F - Q_4 = 0$$ 得 $Q_4 = F/4$ ③列平衡方程，求弯矩。 $$\sum m_{4\text{-}4(F)} = F \times 4L - \frac{5}{4}F \times 2L - M_e + M_4 = 0$$ 得 $M_4 = -Fl/2$	(3)列力的平衡方程时，向上的力为正，反之为负； (4)列力矩的平衡方程时，力对点之矩逆时针为正，反之为负

❖ **问题情境 1**

试比较上述例题中截面 1-1 与 2-2 的内力变化、截面 3-3 与 4-4 的内力变化,并总结规律。

提示:比较截面 1-1 和 2-2 的内力发现,在集中力的两侧截面剪力发生了突变,突变值等于该集中力的值。比较截面 3-3 和 4-4 的内力发现,在集中力偶两侧横截面上剪力相同,而弯矩突变值就等于集中力偶矩。

梁的内力计算的两个规律如下。

(1)梁横截面上的剪力 Q,在数值上等于该截面左侧所有外力在与截面平行方向投影的代数和,即 $Q = \sum F_{iy}$。外力向上时取正号;反之,取负号。

(2)横截面上的弯矩 M,在数值上等于截面左侧梁上所有外力对该截面形心 O 的力矩的代数和,即 $M = \sum M_O(F_i)$。外力或外力偶矩使所研究的梁段下侧受拉时,取正号;反之,取负号。

❖ **问题情境 2**

上述例题中,在列平衡方程计算的时候都是取截面左侧为研究对象,那么,请问是否可以取截面右侧为研究对象进行计算?

提示:可以。以截面右侧为研究对象进行计算时,剪力和弯矩也是先假设是正的,但这时剪力应该是向上的(使研究对象顺时针转),弯矩应该是顺时针的(使梁下侧受拉)。然后根据静力平衡条件列方程,计算结果与左侧的应该是一致的。但需要注意的是,如果是利用内力计算的规律求解剪力,那么研究梁段处向上的外力应该取负,而向下的外力取正,弯矩的计算规则不变。

3. 学习结果评价

学习结果评价见表 2-1-2。

表 2-1-2 学习结果评价

序号	评价内容	评价标准	评价结果
1	梁的内力计算	能计算梁的剪力	是/否
		能计算梁的弯矩	是/否
是否可以进行下一步学习(是/否)			

课后作业

1. 求图 2-1-9 中梁指定截面 1-1、2-2 上的剪力 Q 和弯矩 M。

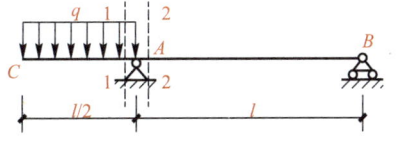

图 2-1-9 课后作业题 1 图

2. 若图 2-1-10 中悬臂梁跨度为 1.5 m，受到板传来的均布荷载为 4.5 kN/m，梁端部受到的集中力为 10 kN，试求悬臂梁根部 1-1、跨中 2-2 及端部 3-3 各截面的剪力和弯矩。

图 2-1-10　课后作业题 2 图

提示：悬臂梁受力图如图 2-1-11 所示。

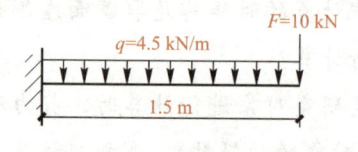

图 2-1-11　悬臂梁受力图

职业能力 2　能绘制梁的剪力图和弯矩图

核心概念

内力方程：梁横截面上的剪力和弯矩一般是随横截面的位置而变化的。将横截面沿梁轴线的位置用横坐标 x 表示，则各横截面上的剪力和弯矩都可以表示为坐标 x 的函数，即 $Q=Q_{(x)}$，$M=M_{(x)}$，将反映梁的内力随 x 值变化的方程称为梁的内力方程。

内力图：以梁横截面沿梁轴线的位置为横坐标，以垂直于梁轴线方向的剪力或弯矩为纵坐标，分别绘制表示 $Q_{(x)}$ 和 $M_{(x)}$ 的图线，称为内力图。梁的内力图一般是指剪力图和弯矩图，简称 Q 图和 M 图。

学习目标

1. 能绘制梁的剪力图；
2. 能绘制梁的弯矩图。

基本知识

2.1 绘制内力图的方法

1. 根据内力方程绘制内力图

内力方程表示的是梁任意横截面 x 处的剪力值和弯矩值,根据内力方程表达的横截面位置与其对应的内力值关系,可以绘制出内力方程的函数图形,即内力图,分别为剪力图和弯矩图。

2. 利用内力图作图规律绘制内力图

由于弯矩、剪力和荷载集度三者之间存在着微分关系(此处不做讲解),可以总结出内力图的特点和规律,从而简化作图的步骤,具体内容见表 2-2-1。

根据荷载与内力图的关系以及函数图像规律总结梁的内力图形特征,见表 2-2-2。

表 2-2-1 荷载与内力图的关系

剪力图与荷载的关系	在均布荷载作用的区段	若 $q(x)$ 方向向下,则 Q 图为下斜直线; 若 $q(x)$ 方向向上,则 Q 图为上斜直线; 剪力图上某点的斜率等于梁相应位置的荷载集度
	无荷载作用区段	Q 图为平行 x 轴的直线
	在集中力作用处	Q 图有突变,突变方向与外力一致; 突变的数值等于该集中力的大小
弯矩图与荷载的关系	在均布荷载作用的区段	M 图为抛物线; 当 $q(x)$ 朝下时,M 图为上凹下凸; 当 $q(x)$ 朝上时,M 图为上凸下凹
	在集中力作用处	M 图发生转折;集中力向下,则 M 向下转折;反之,则向上转折
	在集中力偶作用处	M 图产生突变;顺时针的集中力偶使弯矩向下突变;反之,向上突变。 突变的值等于该集中力偶矩的大小
弯矩图与剪力图的关系	任一截面处弯矩图切线的斜率等于该截面上的剪力	
	当 Q 图为斜直线时,对应梁段的 M 图为二次抛物线; 当 Q 图为平行于 x 轴的直线时,M 图为斜直线	
	剪力等于零的截面上弯矩具有极值; 左右剪力有不同正、负号的截面,弯矩也具有极值	

表 2-2-2 直梁内力图的形状特征

序号	梁上的外力情况	剪力图	弯矩图
1	$q=0$ 无外力作用梁段	Q图为水平线 $Q>0$ $Q<0$ Q图为折线	$M<0$, $M=0$, $M>0$ M图为水平线 M图为斜直线
2	$q=$常数>0 均布荷载作用指向上方	上斜直线	上凸曲线
3	$q=$常数<0 均布荷载作用指向下方	下斜直线	下凸曲线
4	集中力作用	C截面剪力有突变	C截面弯矩有转折
5	集中力偶作用	C截面剪力无变化	C截面左右侧，弯矩突变 （M_e 顺时针，弯矩增加；反之减少）
6	M极值的求解	$Q(x)=0$ 的截面	M有极值

2.2 绘制内力图的一般规定

绘图时一般规定正号的剪力画在 x 轴的上侧，负号的剪力画在 x 轴的下侧；正弯矩画在 x 轴下侧，负弯矩画在 x 轴上侧，即把弯矩画在梁受拉的一侧。

2.3 绘制内力图的一般步骤

(1)求支座反力(一般悬臂梁不求反力)。

(2)分段。凡外荷载不连续点(如集中力作用点、集中力偶作用点、分布荷载的起讫点及支座结点等)均应作为分段点，每相邻两分段点为一梁段，每一梁段两端称为控制截面，根据外力情况就可以判断各梁段的内力图形状。

(3)定点。根据各梁段的内力图形状，选定所需的控制截面，用截面法求出这些控制截面的内力值，并在内力图上标出内力的竖坐标。

(4)连线。根据各段梁的内力图形状，将其控制截面的竖坐标以相应的直线或曲线相连。

3.4 常见简单荷载作用下梁的内力图

常见简单荷载作用下梁的内力图见表 2-2-3。

表 2-2-3 常见简单荷载作用下梁的内力图

续表

简支梁均布荷载	(图)	悬臂梁均布荷载	(图)
简支梁集中力偶	(图)	悬臂梁集中力偶	(图)

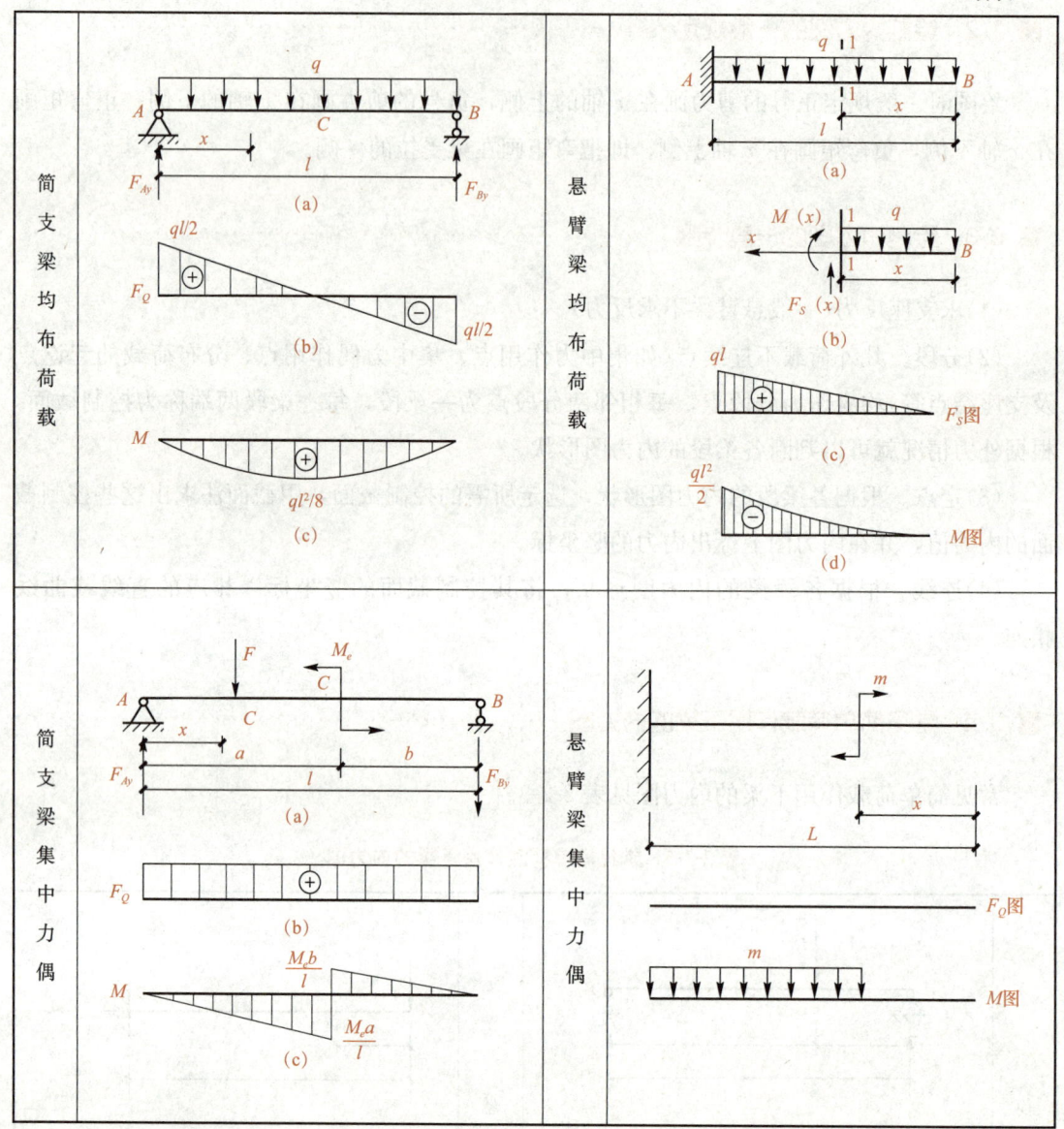

能力训练

1. 操作条件

已知一简支梁的受力情况如图 2-2-1 所示，试绘制该梁的剪力图和弯矩图。

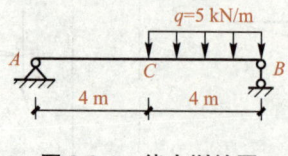

图 2-2-1　能力训练图

2. 操作过程

操作过程见表2-2-4。

表 2-2-4 操作过程

序号	步骤	操作方法及说明	质量标准
1	根据平衡条件求约束反力	(1)根据支座确定约束反力。A 为可动铰支座，B 为固定铰支座，由于梁未受水平荷载的作用，故 B 处的水平支座反力必为 0，假设 A，B 两处的支座反力均向上，如下图所示。 $q=5 \text{ kN/m}$ F_{Ay}　　　　F_{By} (2)根据静力平衡条件，列方程，求解支座反力。 $\sum m_{A(F)} = -q \times 4 \times 6 + F_{By} \times 8 = 0$ $\sum m_{B(F)} = F_{Ay} \times 8 + q \times 4 \times 2 = 0$ 解方程得：$F_{Ay}=5\text{kN}$　$F_{By}=15 \text{ kN}$	(1)能正确分析梁所受的支座反力； (2)能正确列平衡方程并求解支座反力
2	利用绘制内力图规律绘制梁的剪力图和弯矩图	(1)绘制剪力图。 ①A 点受向上集中力作用，故剪力图有突变，突变的值为 F_{Ay} 的大小，并且向上，如下所示： 5KN A ②AC 段上无荷载，故剪力图为与轴平行的直线，如下所示： 5kN　　　　5kN A　　　　　C ③CB 段上有向下的均布荷载，故剪力图为下斜的直线，起始点为 C 点，结束点为 B 点，B 点的剪力按剪力计算规律计算： $Q_B = \sum_{FBy} = F_{Ay} - q \times 4 = 5 - 5 \times 4 = -15 \text{ (kN)}$ 5kN　　5kN A　　C　　　B 　　　　　　15kN ④B 点受向上集中力作用，故剪力图有突变，突变的值为 F_{By} 的大小，并且向上，如下所示： 5kN　　5kN A　　C　　　B 　　　　　　15kN	①剪力图作图规律； ②正剪力画在轴线上方，负剪力画在轴线下方； ③关键点的剪力值要标清楚； ④弯矩图作图规律；

续表

序号	步骤	操作方法及说明	质量标准
2	利用绘制内力图规律绘制梁的剪力图和弯矩图	⑤标剪力正/负、图名。 （2）绘制弯矩图。 ①A 点为铰支座，且无集中力偶作用，故 A 点处的弯矩必为零，即 $M_A=0$。 ②AC 段上无荷载，剪力图为水平线段，故弯矩图为斜直线段，C 点的弯矩按弯矩计算规律计算如下： $$M_C=\sum m_{C(F)}=F_{Ay}\times 4=5\times 4=20\,(\text{kN/m})$$ 弯矩图如下。 ③CB 段上有向下的均布荷载，剪力图为下斜的直线，故弯矩图为下凸的抛物线。 作抛物线需要知道三个点：两个端点和一个顶点。由于在 C 点没有集中力偶，所以弯矩在此处不会发生突变，因此抛物线左侧端点即 M_C，而抛物线右侧端点为 B 点。B 点为铰支座，且无集中力偶作用，故 B 点处的弯矩必为零，即 $M_B=0$。 抛物线的顶点即曲线的极值，根据剪力图与弯矩图的关系可知，在剪力为零的点弯矩有极值，即剪力图中的 D 点。 假设 CD 长为 x，则 DB 长 $4-x$，根据相似，可知 $$\frac{x}{4-x}=\frac{5}{15}$$ 解得 $x=1$，即在距离 C 点 1 m 的 D 点剪力为零，弯矩达到极值。 $$\sum m_{D(F)}=F_{Ay}\times 5-q\times 1\times 0.5$$ $$=5\times 5-5\times 1\times 0.5$$ $$=22.5\,(\text{kN/m})$$	⑤弯矩画在受拉一侧，不用标正负； ⑥关键点的弯矩值要标清楚； ⑦剪力图与弯矩图一定上下对应的

❖ 问题情境 1

若在上述梁中增加一个集中力 F，如图 2-2-2 所示，则梁的内力图会发生什么变化？试将变化后的内力图绘制出来。

提示：在 D 点增加了一个集中力 F，则剪力图在 D 点将发生突变，突变的值为 F 的大小，即原来 AC 的一段水平线将分成两段平行的水平线。同时，弯矩图在 D 点将出现尖点，即原来 AC 的一段斜直线将分成两段斜直线。

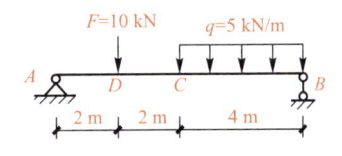

图 2-2-2　问题情境 1 图

❖ 问题情境 2

若在问题情境 1 的基础上再增加一个集中力偶 M，如图 2-2-3 所示，则梁的内力图又将会发生什么变化？请根据提示，将内力图上关键点的内力值计算出来。

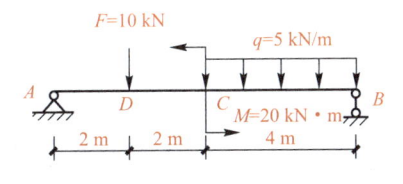

图 2-2-3　问题情境 2 图

提示：在 C 点再增加一个集中力偶，由于支座反力会产生变化，所以剪力图上关键点的剪力值会变化，但对剪力图的形状没有影响，增加的集中力偶会使弯矩图在 C 点产生突变，由于集中力偶是逆时针的，所以弯矩图向上突变，突变的值为 M 的大小。内力图的大致形状如图 2-2-4 所示。

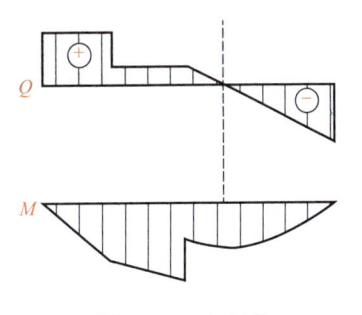

图 2-2-4　内力图

3. 学习结果评价

学习结果评价见表 2-2-5。

表 2-2-5　学习结果评价

序号	评价内容	评价标准	评价结果
1	梁的内力绘制	能绘制梁的剪力图	是/否
		能计算梁的弯矩图	是/否
是否可以进行下一步学习(是/否)			

💡 课后作业

1. 绘制图 2-2-5 所示各梁的内力图。

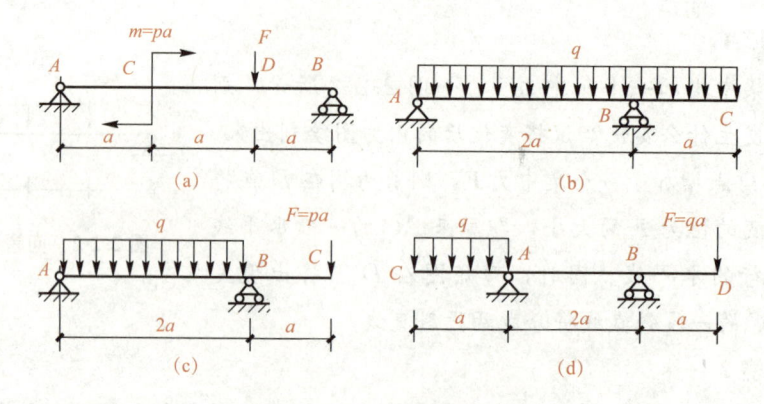

图 2-2-5 课后作业题 1 图

2. 绘制图 2-2-6 中悬臂梁的剪力图和弯矩图。

图 2-2-6 课后作业题 2 图

提示：悬臂梁受力图如图 2-2-7 所示。

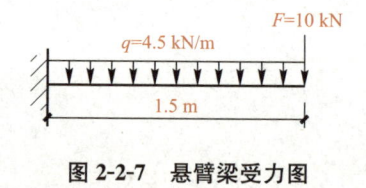

图 2-2-7 悬臂梁受力图

职业能力3 能利用叠加法绘制梁的弯矩图

核心概念

叠加原理：由几组荷载作用所引起的某一参数（反力、内力、应力、变形）等于每组荷载单独作用时引起的该参数值的代数和。

叠加法：运用叠加原理画弯矩图的方法称为叠加法。

学习目标

能利用叠加法绘制梁的弯矩图。

基本知识

3.1 叠加法绘制弯矩图的步骤

叠加法是先求出单个荷载作用下梁的内力(剪力和弯矩),然后将梁各点在单个荷载作用下产生的各内力值相加,得到几个荷载共同作用下的内力的方法。利用叠加法绘制梁弯矩图的步骤如下。

1. 分解荷载

先把作用在梁上的复杂荷载分成几组简单荷载。简单荷载使在此荷载作用下梁的弯矩图一目了然。

2. 绘制简单荷载作用下梁的弯矩图

根据之前所学习的内容,将梁在各简单荷载作用下的弯矩图利用作图规律绘制出来。

3. 叠加

将各简单荷载单独作用下的弯矩值(弯矩图上的相应的纵坐标)按照梁的位置相加,便可得到梁在复杂荷载作用下的弯矩图。

例如,用叠加法作简支梁在均布荷载 q、A 截面外力偶 M_A 和 B 截面外力偶 M_B 共同作用下的弯矩图(图 2-3-1)。

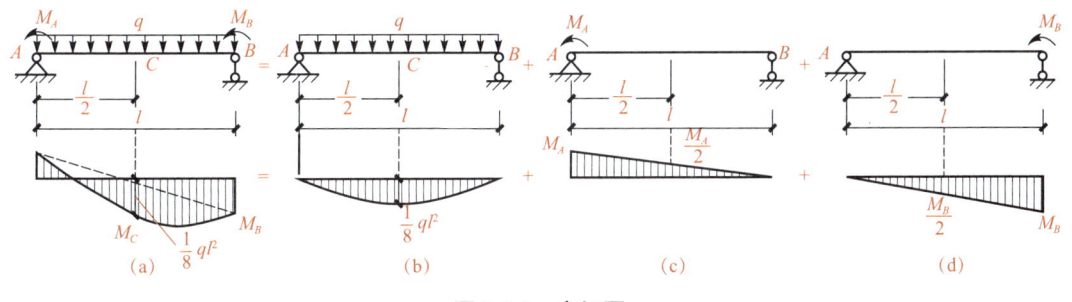

图 2-3-1 弯矩图

由叠加原理可知,图(a)=图(b)+图(c)+图(d)。先绘制出每个简单荷载作用下梁的内力图,即图(b)、图(c)、图(d),然后将图(c)、图(d)叠加(A 点的弯矩值为 M_A,B 点的弯矩值为 M_B)并用直线(图中虚线)相连,再以此直线为基线叠加简支梁在荷载 q 作用下的弯矩图。其跨中截面 C 的弯矩为

$$M_C = \frac{M_A}{2} + \frac{M_B}{2} + \frac{ql^2}{8} = \frac{M_A + M_B}{2} + \frac{ql^2}{8}$$

· 59 ·

注意： 弯矩图的叠加是指其纵坐标叠加。这样，最后的图线与最初的水平基线之间所包含的图形即叠加后所得的弯矩图。

■ 3.2 叠加法的要点

叠加法绘制弯矩图的要领：先画直线形弯矩图，再叠加上折线形或曲线形的弯矩图。

能力训练

1. 操作条件

如图 2-3-2 所示，已知梁 AB 受集中力 F 及集中力偶 M 作用，试用叠加法绘制该梁的弯矩图。

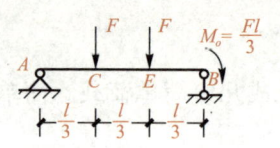

图 2-3-2　能力训练图

2. 操作过程

操作过程见表 2-3-1。

表 2-3-1　操作过程

序号	步骤	操作方法及说明	质量标准
1	分解荷载	根据荷载的特点，将荷载分成两组，即集中荷载和集中力偶	能正确对荷载进行分组
2	绘制简单荷载作用下梁的弯矩图	(1) 绘制集中力偶单独作用下梁的图 M_1 图 (2) 绘制集中力作用下梁的图 M_2 图	能正确将单个荷载作用下梁的弯矩图绘制出来

续表

序号	步骤	操作方法及说明	质量标准
3	弯矩叠加	(1)计算梁关键点的内力值 $M_A=0$, $M_B=0$ $M_C=-\frac{1}{3}\times\frac{Fl}{3}+\frac{Fl}{3}=\frac{2}{9}Fl$ $M_E=-\frac{2}{3}\times\frac{Fl}{3}+\frac{Fl}{3}=\frac{Fl}{9}$ (2)绘制集中力作用下梁的图	(1)会计算梁关键点的弯矩值； (2)能绘制梁在荷载组合下的弯矩图

❖ **问题情境 1**

上述叠加法运用在整根梁的计算中，那么是否可以利用叠加法只计算部分梁段的内力？如图 2-3-3 所示，梁承受多种荷载作用，是否可以利用叠加法绘制 AB 区段的弯矩图？

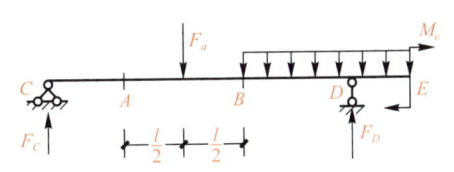

图 2-3-3 问题情境 1 图

提示：如果已求出某一区段 AB 上截面 A 的弯矩 M_A 和截面 B 的弯矩 M_B，则 AB 区段上集中力作用的跨中截面的弯矩不必用截面法求解，而可采用简便的区段叠法求解。

如图 2-3-4 所示，取出图 AB 段为分离体，根据分离体的平衡条件分别求出截面 A，B 的剪力。此时，区段 AB 与简支梁受力完全相同，而简支梁的弯矩图可根据前述内容利用叠加法作出。跨中 C 截面的弯矩由叠加法按下式计算：

$$M_C=\frac{M_A}{2}+\frac{M_B}{2}+\frac{1}{4}Fl=\frac{M_A+M_B}{2}+\frac{1}{4}Fl$$

图 2-3-4 问题情境 1 提示图

❖ 问题情境 2

同理，如图 2-3-5 所示，是否可以用叠加法绘制 BD 区段的弯矩图？

提示：先计算 BD 梁段截面 B 的弯矩 M_B 和截面 D 的弯矩 M_D，然后按简支梁均布荷载和两端集中力偶叠加。

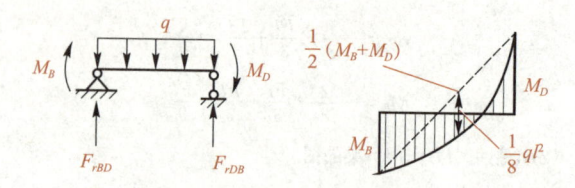

图 2-3-5　部分梁段内力叠加

3. 学习结果评价

学习评价结果见表 2-3-2

表 2-3-2　学习结果评价

序号	评价内容	评价标准	评价结果
1	利用叠加法绘制梁的弯矩图	能将梁上的荷载进行分组	是/否
		能绘制单个荷载作用下梁的弯矩图	是/否
		能将单个荷载作用下梁的内力进行叠加并绘制总的弯矩图	是/否
是否可以进行下一步学习(是/否)			

📖 课后作业

试用叠加法绘制图 2-3-6 中悬臂梁的剪力图和弯矩图。

图 2-3-6　课后作业图

提示：悬臂梁受力图如图 2-3-7 所示。

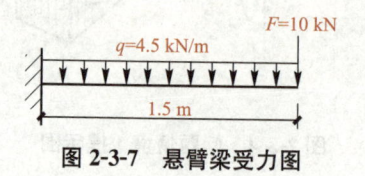

F=10 kN　q=4.5 kN/m　1.5 m

图 2-3-7　悬臂梁受力图

职业能力4 能计算截面的形心与惯性矩

核心概念

几何性质：在建筑力学及建筑结构的计算中，经常要用到与截面有关的一些几何量。如轴向拉压的横截面面积、圆轴扭转时的抗扭截面系数和惯性矩等都与构件的强度及刚度有关。在弯曲等其他问题的计算中，还将遇到平面图形的另外一些几何量(如形心、静矩、惯性矩、抗弯截面系数等)。这些与平面图形形状及尺寸有关的几何量统称为平面图形的几何性质。

形心：截面的形心就是截面图形的几何中心。重心是针对实物体而言的，而形心是针对抽象几何体而言的，对于密度均匀的实物体，重心和形心重合。

静矩：平面图形的面积 A 与其形心到某一坐标轴的距离的乘积称为平面图形对该轴的静矩，一般用 S 表示。静距的量纲为长度的3次方，有时候又称为截面面积矩。

惯性矩：惯性矩是一个几何量，通常被用来描述截面抵抗弯曲的性质。惯性矩的国际单位为(m^4)，即面积二次矩，也称为面积惯性矩。

学习目标

(1)能计算平面图形的形心坐标；
(2)能计算平面图形的静矩和惯性矩；
(3)能计算工程结构的截面几何性质。

基本知识

4.1 平面图形的形心

1. 重心和形心

重心是重要的力学概念。研究重心的位置及其计算方法在工程中有着重要的实际意义。例如，挡土墙、水坝、起重机的平衡和稳定与重心位置有关，施工中大型构件吊装时必须计算其重心位置，高速旋转的机器零部件的重心位置直接影响转动所产生的附加动荷载等。整个物体所受重力的作用线总是通过一个确定点，该点称为物体的重心。

对均质物体用 γ 表示单位体积的重力，体积为 V，则物体的重力 $G=\gamma V$，微小体积为 V_i，微小体积重力 $G_i=\gamma V_i$，得到均质物体的重心坐标位置为

$$x_c = \frac{\sum V_i x_i}{V}, y_c = \frac{\sum V_i y_i}{V}, z_c = \frac{\sum V_i z_i}{V} \tag{2-4-1}$$

由式(2-4-1)可知，均质物体的重心与重力无关。因此，均质物体的重心就是其几何中

心,称为形心。对均质物体来说重心和形心是重合的。

对于均值等厚薄板,取对称面为坐标轴面 OYZ,用 δ 表示其厚度,用 A_i 表示微体积的面积,将微体积 $V_i=\delta A_i$ 及 $V=\delta A$ 代入式(2-4-1),得到重心(平面图形形心)坐标公式:

$$y_c=\frac{\sum A_i y_i}{A}, z_c=\frac{\sum A_i z_i}{A} \tag{2-4-2}$$

2. 平面图形的形心计算

(1)对称法。形心就是根据物体的几何形状所确定的几何重心。当平面图形具有对称中心时,则对称中心就是形心。如有两个对称轴,形心就在对称轴的交点上,如有一个对称轴,其形心一定在对称轴上,具体位置必须经过计算才能确定。

(2)分割法。在实际工程中,有些物体往往都是由若干个简单基本图形组合而成的,在计算它们的形心时,可先将其分割为几个简单图形,然后按式(2-4-2)求得其形心坐标,这时公式中的 A_i 为所分割的简单图形的面积,而 z_i,y_i 为其相应的形心坐标,这种方法叫作分割法。

(3)负面积法。有些图形可看作从某个简单图形中挖去一个或几个简单图形而形成,此时,仍可用分割法求其形心坐标,只是将挖去的面积用负面积表示。

■ 4.2 静矩

1. 静矩的定义

任意平面图形上所有微面积 dA 与其坐标 y(或 z)乘积的总和,称为该平面图形对 z 轴(或 y 轴)的静矩,用 S_z(或 S_y)表示,静矩为代数量,它可为正,可为负,也可为零。

2. 简单图形的静矩

简单图形的面积 A 与其形心坐标 y_c(或 z_c)的乘积,称为简单图形对 z 轴或 y 轴的静矩,即

$$S_z=A \cdot y_c$$
$$S_y=A \cdot z_c \tag{2-4-3}$$

当坐标轴通过截面图形的形心时,其静矩为零;反之,截面图形对某轴的静矩为零,则该轴一定通过截面图形的形心。

3. 组合平面图形静矩的计算

$$S_z=\sum A_i \cdot y_{ci}$$
$$S_y=\sum A_i \cdot z_{ci} \tag{2-4-4}$$

式中 A_i ——各简单图形的面积;

y_{ci},z_{ci} ——各简单图形的形心坐标。

■ 4.3 惯性矩、惯性半径

1. 惯性矩

(1)惯性矩的定义。如图 2-4-1 所示,任意平面图形上所有微面积 dA 与其坐标 y(或 z)

平方乘积的总和，称为该平面图形对 z 轴(或 y 轴)的惯性矩，用 I_z(或 I_y)表示。

(2)简单图形的惯性矩。

①矩形截面的形心主惯性矩。

$$I_z = \frac{bh^3}{12}, \quad I_y = \frac{hb^3}{12} \tag{2-4-5}$$

②圆形截面的形心主惯性矩。

$$I_z = I_y = \frac{\pi D^4}{64} \tag{2-4-6}$$

③环形截面的形心主惯性矩。

$$I_z = I_y = \frac{\pi(D^4 - d^4)}{64} \tag{2-4-7}$$

2. 惯性半径

在工程中，为了计算方便，将图形的惯性矩表示为图形面积 A 与某一长度平方的乘积，即

$$I_z = i_z^2 A, \quad I_y = i_y^2 A \tag{2-4-8}$$

或

$$i_z = \sqrt{\frac{I_z}{A}}, \quad i_y = \sqrt{\frac{I_y}{A}} \tag{2-4-9}$$

式中　i_z，i_y——平面图形对 z，y 轴的惯性半径，常用单位为 m 或 mm。

4.4　平行移轴定理

平行移轴定理是指图形与互相平行轴的惯性矩、惯性积之间的关系，即通过已知图形对于一对坐标的惯性矩、惯性积，求图形对另一对坐标的惯性矩与惯性积。

应用平行移轴定理应注意的问题：在两平行轴中，必须有一轴为形心轴，截面对任意两平行轴的惯性矩间的关系应通过平行的形心轴惯性矩来换算。

能力训练

1. 操作条件

试求图 2-4-1 所示截面形心轴 y_c 和 z_c 的惯性矩。

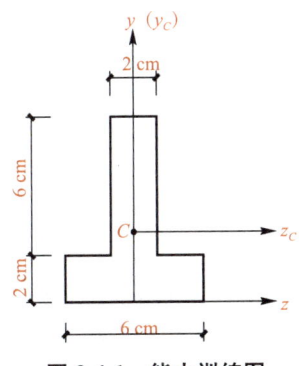

图 2-4-1　能力训练图

2. 操作过程

操作过程见表2-4-1。

表 2-4-1 操作过程

序号	步骤	操作方法及说明	质量标准
1	将图形分割为两个矩形	分析该平面图形,可以看出该图是由两个简单矩形组成的,因此把图形分割为两个矩形1,2来处理,如下图所示	能正确分割图形
2	分别计算两个矩形的面积及形心	(1)计算第一个矩形的面积及形心: $A_1=2\times6=12(cm^2)$,$z_1=0$,$y_1=3+2=5(cm)$ (2)计算第二个矩形的面积及形心: $A_2=6\times2=12(cm^2)$,$z_2=0$,$y_2=1\ cm$	计算结果正确,要有单位
3	计算图形形心	根据式(2-4-2)求得截面的形心坐标为 $y_C=\dfrac{\sum A_i y_i}{A}=\dfrac{A_1y_1+A_2y_2}{A_1+A_2}=\dfrac{2\times6\times5+6\times2\times1}{2\times6+6\times2}=3(cm)$ $z_C=0$	计算结果正确,要有单位
4	分别求出矩形1,2对自身形心轴的惯性矩	(1)由 $y_C=3\ cm$,可求得 $a_1=2\ cm$,$a_2=2\ cm$。 (2)根据式(2-4-5)可分别求得矩形1、2截面对自身形心轴的惯性矩: $I_{z_1}=\left(\dfrac{2\times6^3}{12}\right)=36(cm^4)$,$I_{z_2}=\left(\dfrac{6\times2^3}{12}\right)=4(cm^4)$ $I_{y_1}=\left(\dfrac{6\times2^3}{12}\right)=4(cm^4)$,$I_{y_2}=\left(\dfrac{2\times6^3}{12}\right)=36(cm^4)$	计算结果正确,要有单位
5	计算整个截面对形心轴 y_C 和 z_C 的惯性矩	$I_{z_C}=(I_{z_1}+a_1^2 A_1)+(I_{z_2}+a_2^2 A_2)$ $=(36+12\times2^2)+(4+12\times2^2)$ $=84+52=136(cm^4)$ $I_{y_C}=I_{y_1}+I_{y_2}=4+36=40(cm^4)$	计算结果正确,要有单位

❖ 问题情境 1

如果上述截面变成一个中间有空缺的 T 形截面,如图 2-4-2 所示,请问该图形的形心坐标如何求解?

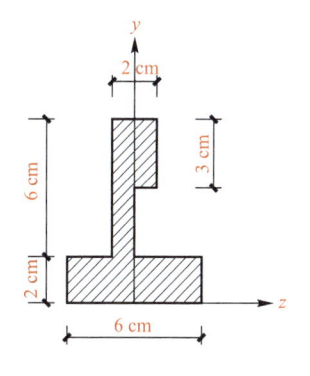

图 2-4-2 问题情境 1 图

提示:该题的解题思路有两种:一种是将该形体分割成为 3 块简单矩形,利用分割法计算形心坐标;另一种是利用负面积法,在上述所分析的例题中把它分割成 2 块简单矩形的基础上,再挖去一个矩形,将挖去的面积用负面积表示,进而求得其形心坐标。

❖ 问题情境 2

如果将截面形式变成建筑工程结构截面,如图 2-4-3 所示,该截面由两根 20 号槽钢组成,请问该截面对形心轴 z,y 的惯性矩应该如何计算?

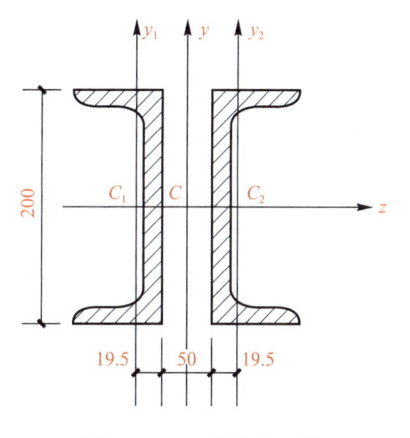

图 2-4-3 问题情境 2 图

提示:对于型钢截面对形心轴的惯性矩计算,可以先查型钢表,主要查询以下几个参数——每根槽心 C_1 或 C_2 到腹板边缘的距离、每根槽钢截面面积、每根槽钢对本身形心轴的惯性矩;再通过平行移轴定理,计算整个截面对形心轴的惯性矩。

3. 学习结果评价

学习结果评价见表 2-4-2。

表 2-4-2 学习结果评价

序号	评价内容	评价标准	评价结果
1	组合图形的形心计算	能对图形进行正确的分割	是/否
		能正确计算形心坐标	是/否
2	静矩和惯性矩的计算	能正确计算图形的静矩和惯性矩	是/否
是否可以进行下一步学习(是/否)			

课后作业

1. 试求图表 2-4-4 所示阴影部分平面图形的形心坐标。

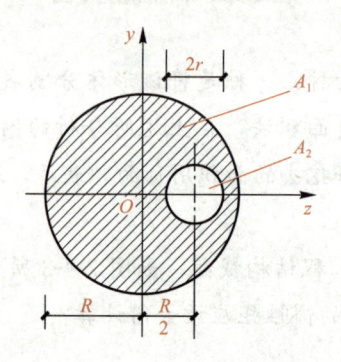

图 2-4-4 课后作业题 1 图

2. 两圆直径均为 d，而且相切于矩形之内，如图 2-4-5 所示。试求阴影部分对 y 轴的惯性矩。

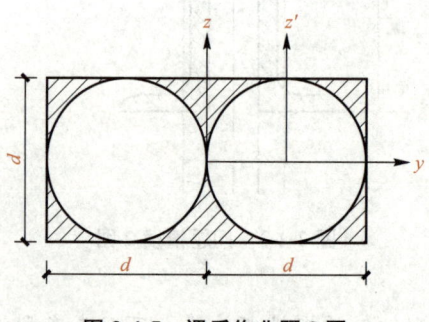

图 2-4-5 课后作业题 2 图

3. 钢结构厂房中梁常采用工字钢、槽钢、角钢等型钢，槽钢的具体尺寸如图 2-4-6 所示。现采用槽钢 16 号 A 钢，已知 $h×b×t$ 为 160×63×6.5，请利用惯性矩的计算方法计算槽钢按 [和] 放置时对应的截面惯性矩。

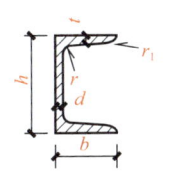

图 2-4-6　课后作业题 3 图

h—高度；b—腿宽；d—腰厚；

t—平均腿厚度；r—腰端圆弧半径；r_1—腿端圆弧半径

职业能力 5　能判定梁的正应力强度是否满足要求

核心概念

梁的正应力：由前面内容可知，梁在荷载作用下，横截面上一般都有弯矩和剪力两种内力存在，相应地在梁的横截面上有正应力和剪应力。由弯矩引起的应力叫作正应力，用符号 σ 表示，正应力与横截面垂直。

中性层：如图 2-5-1 所示，梁下部受拉而伸长，梁上部受压而缩短，而梁的变形是连续的，所以在从伸长逐渐过渡到缩短的过程中，梁内必有一层既不伸长也不缩短，这层叫作中性层，中性层上各点既不受拉也不受压。

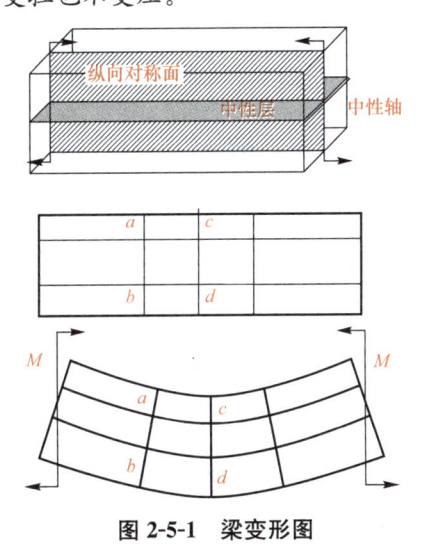

图 2-5-1　梁变形图

中性轴：中性层与横截面的交线叫作中性轴，中性轴是受弯构件拉区和压区的分界线。

平截面假定：如图 2-5-1 所示，梁的各横向线所代表的横截面，在变形前后均为平面，只是倾斜了一个角度；梁的各纵向线弯成曲线，中性轴以下部分纵向线伸长（受拉），中性轴以上部分纵向线缩短（受压）。

学习目标

(1)能理解梁的正应力及其强度条件；
(2)能正确计算梁截面上的正应力；
(3)能正确校核梁截面的正应力强度。

基本知识

5.1 梁截面的正应力计算

根据几何关系、物理关系及静力学关系可以推出，梁弯曲时横截面任一点正应力的计算公式如下：

$$\sigma = \frac{M}{I_z} y \tag{2-5-1}$$

式中 M——横截面上的弯矩；
y——欲求应力的点到中性轴的距离；
I_z——截面对中性轴的惯性矩。

根据式(2-5-1)可知，梁横截面任一点处的正应力与该截面的弯矩 M 及该点到中性轴的距离 y 成正比，与该截面对中性轴的惯性矩 I_z 成反比；当截面上作用正弯矩时下部为拉应力，上部为压应力，而当截面上作用负弯矩时，上部为拉应力，下部为压应力。

5.2 梁的最大正应力

梁的最大正应力：

$$\sigma_{max} = \frac{M}{I_z} y_{max} = \frac{M}{\dfrac{I_z}{y_{max}}}$$

令

$$W_z = \frac{I_z}{y_{max}}$$

则

$$\sigma_{max} = \frac{M}{W_z} \tag{2-5-2}$$

式中 W_z——抗弯截面系数。

矩形截面的抗弯截面系数：$W_z = \dfrac{bh^2}{6}$；

圆形截面的抗弯截面系数：$W_z = \dfrac{\pi d^3}{32}$；

空心圆截面的抗弯截面系数：$W_z = \dfrac{\pi D^3}{32}(1-\alpha^4)$。

5.3 梁的正应力强度条件

梁弯曲变形时，最大弯矩 M_{max} 所在的截面就是危险截面，该截面上距中性轴最远的边

缘 y_{max} 处正应力最大，也是危险点：

$$\sigma_{max} = \frac{M_{max}}{W_z} \leqslant [\sigma] \qquad (2\text{-}5\text{-}3)$$

式(2-5-3)为梁的正应力强度条件。利用此强度条件，可解决强度校核、设计截面尺寸以及确定许可荷载三类问题。

能力训练

1. 操作条件

图 2-5-2 所示的外伸梁用铸铁制成，横截面为 T 形，并承受均布荷载 q 作用。试校该梁的强度。已知荷载集度 $q = 25$ N/mm，截面形心离底边与顶边的距离分别为 $y_1 = 95$ mm 和 $y_2 = 45$ mm，惯性矩 $I_z = 9.84 \times 10^{-6}$ m⁴，许用拉应力 $[\sigma_t] = 35$ MPa，许用压应力 $[\sigma_c] = 140$ MPa。

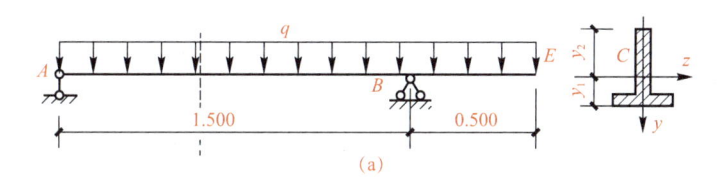

图 2-5-2　能力训练图

2. 操作过程

操作过程见表 2-5-1。

表 2-5-1　操作过程

序号	步骤	操作方法及说明	质量标准
1	先计算截面上的弯矩，绘制弯矩图	在横截面 D 与 B 上，分别作用有最大正弯矩与最大负弯矩，因此，该二截面均为危险截面	(1)能正确进行受力分析； (2)能正确计算截面上的弯矩； (3)能正确判断危险截面

续表

序号	步骤	操作方法及说明	质量标准
2	绘制危险截面应力分布图	截面 D 与 B 的弯曲正应力分布分别如图（c）、（d）示。截面 D 的 a 点与截面 B 的 d 点处均受压；而截面 D 的 b 点与截面 B 的 c 点处均受拉 截面D (c)　　截面B (d)	能正确绘制危险截面的应力分布图
3	判断危险截面的拉应力和压应力的大小	由于 $\|M_D\|>\|M_B\|$，$\|y_a\|>\|y_d\|$，因此 $\|\sigma_a\|>\|\sigma_d\|$，即梁内的最大弯曲压应力 $\sigma_{c,\max}$ 发生在截面 D 的 a 点处。至于最大弯曲拉应力 $\sigma_{t,\max}$，究竟发生在 b 点处还是 c 点处，则须经计算后才能确定	能正确判断危险截面拉应力和压应力的大小
4	计算危险截面的应力大小	截面 D 中 a 点的压应力： $$\sigma_a=\frac{M_D y_a}{I_z}=\frac{5.45\times10^6\times950}{8.84\times10^6}=59.8(\mathrm{MPa})$$ 截面 D 中 b 点和截面 B 中 d 点的拉应力： $$\sigma_b=\frac{M_D y_b}{I_z}=28.3\ \mathrm{MPa}$$ $$\sigma_c=\frac{M_B y_c}{I_z}=33.6\ \mathrm{MPa}$$	能根据计算结果，判断截面正应力对的形式
5	校核强度	$\sigma_{c,\max}=\sigma_a=59.8\ \mathrm{MPa}<[\sigma_c]$ $\sigma_{t,\max}=\sigma_c=33.6\ \mathrm{MPa}<[\sigma_t]$ 梁的弯曲强度符合要求	能进行截面的强度校核

❖ **问题情境**

如果上述杆件变成一个 I 形截面（杆件各段的横截面大小不同），请问强度校核又该如何进行？

提示：在进行受力分析时发现，截面的内力跟截面的形状是没有关系的，因此危险截面仍然是截面 D 和截面 B，但是危险截面的危险点需要重新判断。

3. 学习结果评价

学习结果评价见表 2-5-2。

表 2-5-2　学习结果评价

序号	评价内容	评价标准	评价结果
1	梁截面正应力计算	能正确计算梁正应力	是/否
		能正确判断危险截面的危险应力	是/否
	梁截面正应力强度校核	能正确校核梁的正应力强度	是/否
是否可以进行下一步学习(是/否)			

课后作业

如图 2-5-3 所示，简支梁选用 25a 号工字钢。作用在跨中截面的集中荷载 $F=5$ kN，其作用线与截面的形心主轴 y 的夹角为 $30°$，钢材的许用应力 $[\sigma]=160$ MPa，试校核此梁的强度。已知：$I_z=5\,023.54\ \text{cm}^4$，$I_y=280.046\ \text{cm}^4$，$W_z=401.883\ \text{cm}^3$，$W_y=49.283\ \text{cm}^3$。

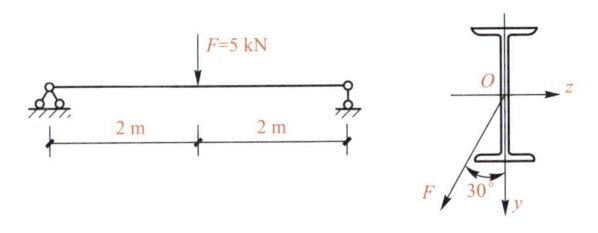

图 2-5-3　课后作业图

职业能力 6　能判定梁的剪应力强度是否满足要求

核心概念

梁的剪应力：由前面的内容可知，梁在荷载作用下，横截面上一般都有弯矩和剪力两种内力存在，相应地在梁的横截面上有正应力和剪应力。由剪力引起的应力称为剪应力，用符号 τ 表示，剪应力与横截面相切。

学习目标

(1)能理解梁的剪应力及其强度条件；
(2)能正确计算梁截面上的剪应力；
(3)能正确校核梁截面对的剪应力强度。

> **基本知识**

■ 6.1 梁截面剪应力的计算

梁弯曲时横截面存在剪力,在剪力作用下,梁横截面上各点存在剪应力,剪应力在横截面上的分布遵循以下规律。

(1)横截面上各点剪应力的方向与横截面上剪力方向一致;
(2)横截面上距中性轴距离相等的点处剪应力大小相等。

剪应力的计算公式如下:

$$\tau = \frac{QS^*}{bI_z} \tag{2-6-1}$$

式中 τ——横截面上的剪应力;

Q——横截面上的剪力;

S_z^*——欲求应力点处水平线以上(或以下)部分面积对中性轴的静矩;

I_z——截面中性轴的惯性矩;

b——欲求应力点处横截面的宽度。

■ 6.2 常用截面形式的剪力计算公式

1. 矩形截面

矩形截面梁的弯曲剪应力沿截面高度呈抛物线分布,如图 2-6-1 所示,在截面的上、下边缘剪应力 $\tau=0$;在中性轴($y=0$)处剪应力最大。最大剪应力公式如下:

$$\tau_{\max} = \frac{3}{2} \cdot \frac{F_Q}{bh} \tag{2-6-2}$$

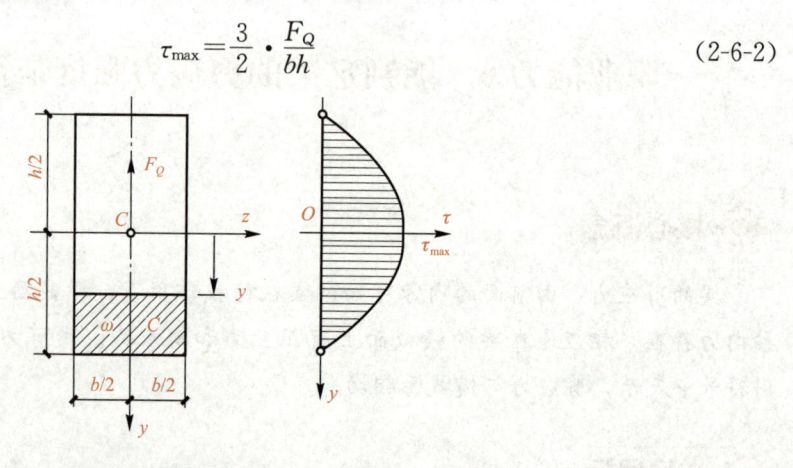

图 2-6-1 矩形截面梁剪应力分布图

2. 圆形截面

对于圆形截面,如图 2-6-2 所示,在中性轴处剪应力为最大值 $\tau_{\max}$:

$$\tau_{\max}=\frac{4}{3}\cdot\frac{F_Q}{\pi r^2}=\frac{4}{3}\frac{F_Q}{A} \tag{2-6-3}$$

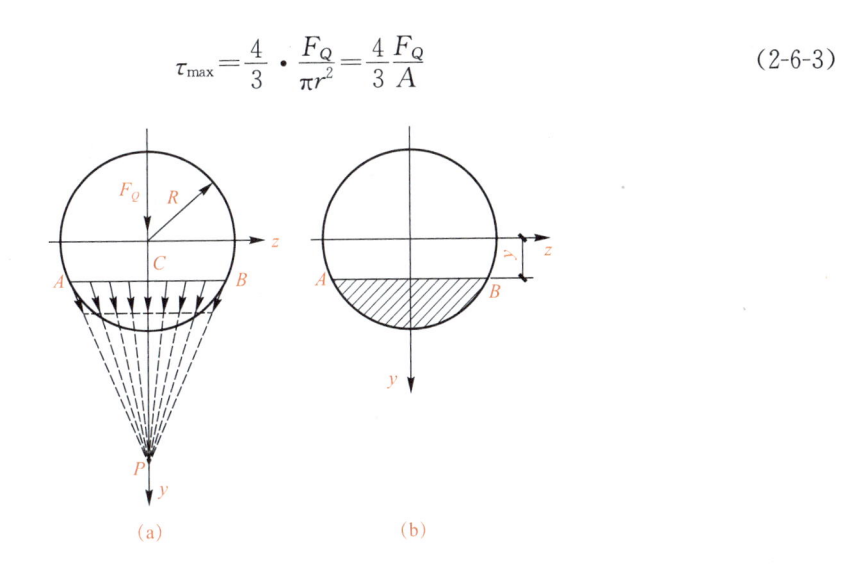

图 2-6-2　圆形截面梁剪应力分布图

3. 工字钢截面

腹板上的弯曲剪应力沿腹板高度方向也是呈二次抛物线分布，在中性轴处（$y=0$）剪应力最大，在腹板与翼缘的交接处（$y=\pm h/2$）剪应力最小（图 2-6-3）。

工字钢截面最大的剪应力为 $\tau=\dfrac{Q}{A_f}$，其中，A_f 是腹板的面积。

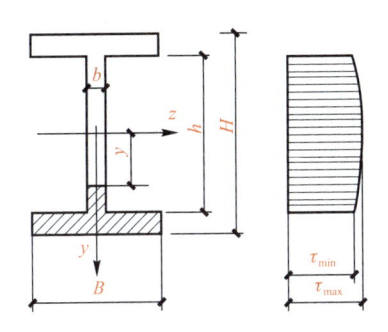

图 2-6-3　工字钢截面梁剪应力分布图

6.3　梁的剪应力强度条件

梁的剪应力强度条件：$\tau_{\max}\leqslant[\tau]$。

能力训练

1. 操作条件

梁截面如图 2-6-4 所示，横截面上剪力 $F_Q=15$ kN。试计算该截面的最大弯曲剪应力，以及腹板与翼缘交接处的弯曲剪应力。截面的惯性矩 $I_z = 9.84 \times 10^{-6}$ m^4。

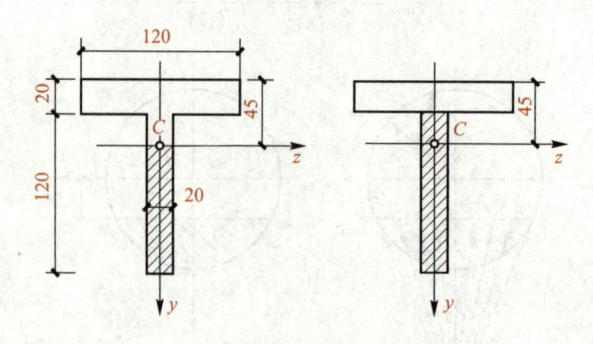

图 2-6-4 能力训练图

2. 操作过程

操作过程见表 2-6-1。

表 2-6-1 操作过程

序号	步骤	操作方法及说明	质量标准
1	计算截面静矩	最大弯曲剪应力发生在中性轴上。中性轴一侧的部分截面对中性轴的静矩为 $$S_{z,\max}^* = \frac{(20+120-45)^2 \times 20}{2} = 9.025 \times 10^4 (\text{mm}^3)$$	能正确计算截面的静矩
2	计算最大弯曲剪应力	最大弯曲剪应力： $$\tau_{\max} = \frac{F_Q S_{z,\max}^*}{I_z b} = \frac{15 \times 10^3 \times 9.025 \times 10^4}{8.84 \times 10^6 \times 20} = 7.66 (\text{MPa})$$	能正确计算截面的最大剪应力
3	计算腹板、翼缘交接处的弯曲剪应力	交接处的静矩： $$S_z^* = 20 \times 120 \times 35 = 8.40 \times 10^4 (\text{mm}^3)$$ 交接处的弯曲剪应力： $$\tau = \frac{F_Q S_z^*}{I_z b} = \frac{15 \times 10^3 \text{ N} \times 8.40 \times 10^4}{8.84 \times 10^6 \times 20} = 7.13 (\text{MPa})$$	能判断钢板的危险截面，能正确分析危险截面的挤压力和计算挤压面积，得到钢板的挤压应力

❖ 问题情境

如果上述杆件变成一个 I 形截面的梁，截面的最大切应力又该如何计算？

提示：原题中的 T 形截面变成 I 形截面，只要注意正确计算截面的静矩及正确应用 I 形截面的最大剪应力计算公式即可。

3. 学习结果评价

学习结果评价见表 2-6-2。

表 2-6-2 学习结果评价

序号	评价内容	评价标准	评价结果
1	梁截面剪应力计算	能对梁进行正确的受力分析	是/否
		能正确计算梁剪应力	是/否
	梁截面剪应力强度校核	能正确校核梁的剪应力强度	是/否
是否可以进行下一步学习(是/否)			

课后作业

矩形截面简支梁如图 2-6-5 所示，试计算该梁的最大剪应力 τ_{max}。

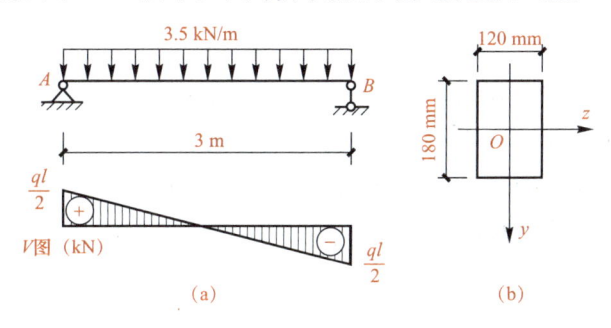

图 2-6-5 课后作业图

职业能力 7　能对梁进行合理的布置

核心概念

梁的正应力：

$$\sigma = \frac{M}{I_z} y$$

梁的弯曲强度：保证梁在弯矩的作用下不产生破坏的条件。

学习目标

(1) 能理解提高梁抗弯强度的措施；
(2) 能合理地选择梁的截面形式。

基本知识

7.1 提高梁强度的措施

在设计梁时,一方面要保证梁具有足够的强度,使梁在荷载作用下能安全、充分地发挥材料的潜力;另一方面,还应尽可能地节省材料,减轻自重,这就需要合理地选择梁的截面形状、尺寸和结构形式,以提高梁的抗弯强度。

通过前面的学习可以知道,控制梁强度的主要因素是梁的最大正应力,梁的正应力强度条件是设计梁的主要依据,由 $\sigma_{max} = \dfrac{M_{max}}{W_z} \leqslant [\sigma]$ 可以看出,对于一定长度的梁,在承受一定荷载的情况下,应设法适当地安排梁所受的荷载,使梁最大的弯矩绝对值降低,同时选用合理的截面形状和尺寸,使抗弯截面模量 W 值增大,以达到设计出的梁满足节约材料和安全适用的要求。提高梁抗弯强度的措施如下。

1. 合理安排梁的受力情况

(1)合理布置梁的支座。在实际工程容许的情况下,提高梁强度的一个重要措施是合理安排梁的支座和加荷方式。如图 2-7-1(a)所示的简支梁,其承受均布荷载作用时,最大弯矩为 $M_{max} = ql^2/8$,如果将梁两端的铰支座各向内移动少许,如移动 $0.2l$,如图 2-7-1(b)所示,则其最大弯矩为 $M_{max} = ql^2/40$,仅为前者的 $1/5$,梁的截面尺寸就可以大大减小。

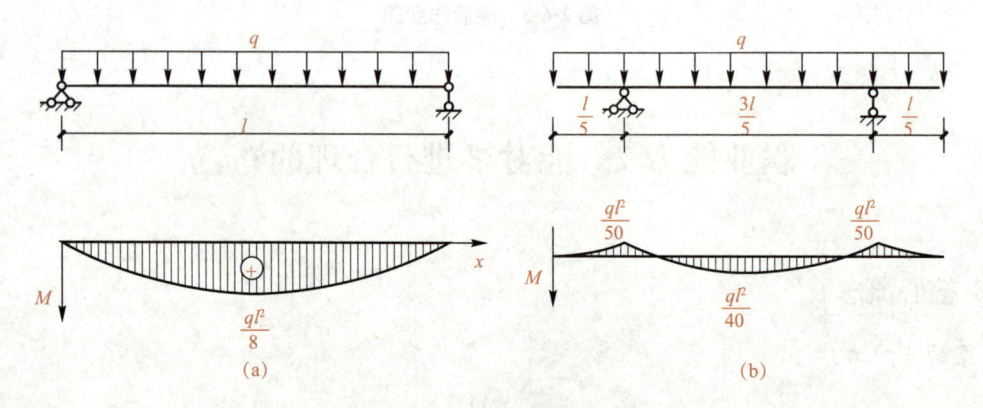

图 2-7-1 合理布置梁的支座

(2)改善荷载的布置情况。在可能的条件下,将集中荷载分散布置,可以降低梁的最大弯矩。如图 2-7-2(a)所示的简支梁,在跨度中点处只受集中荷载作用时,其最大弯矩为 $M_{max} = Fl/4$,如果在梁的中部设置一长为 $l/2$ 的辅助梁 CD,如图 2-7-2(b)所示,这时,最大弯矩为 $M_{max} = Fl/8$,最大弯矩将减小一半。

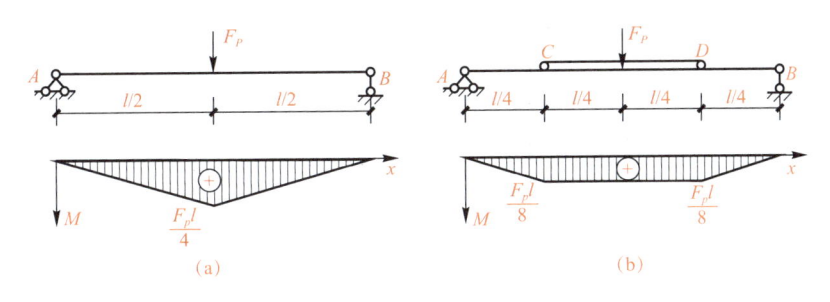

图 2-7-2 改善荷载的布置情况

2. 选择合理的截面形状

当弯矩一定时,最大正应力 σ_{max} 与抗弯截面系数 W 成反比,W 越大越有利。而 W 的大小与截面的面积及形状有关,因此,比较合理的截面形状是在截面面积 A 相同的条件下,能获得较大抗弯截面系数 W 的截面,也就是说 W/A 越大的截面,就越经济、合理。

由于在一般截面中,W 与其截面高度的平方成正比,所以尽可能地使横截面距中性轴较远,这样在横截面面积一定的情况下可以得到尽可能大的抗弯截面系数 W,从而使最大正应力 σ_{max} 减小,或者在抗弯截面系数 W 一定的情况下,减少截面面积以节省材料和减轻自重。因此,I 形、槽形截面比矩形截面合理,矩形截面立放比平放合理,矩形截面比正方形截面合理,方形截面比圆形截面合理。

梁截面形状的合理性,也可以从正应力分布规律来分析。梁弯曲时正应力沿截面高度呈线性分布,当离中性轴最远各点处的正应力达到许用应力值时,中性轴附近各点处的正应力仍很小,这部分材料没有得到充分利用。如果将中性轴附近的材料尽可能减少,而把大部分材料布置在距中性轴较远的位置,则材料能充分发挥作用,截面形状就显得合理。因此,在工程上常采用 I 形、圆环形、箱形等截面形式,如图 2-7-3 所示。工程中常用的空心板及挖孔的薄腹梁等就是根据这个原理制作的。

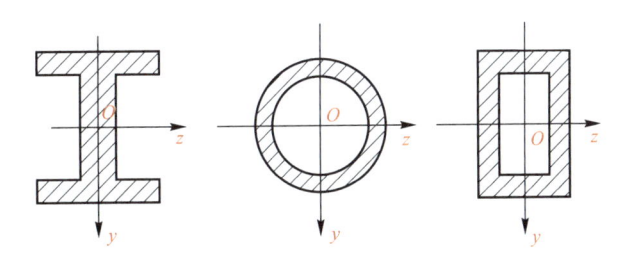

图 2-7-3 梁截面形式

对于抗拉与抗压强度相同的塑性材料梁,一般采用对称于中性轴的截面,如 I 形等截面,以使上、下边缘的最大拉应力和最大压应力相等,同时达到材料的许用应力值。

对于抗拉强度低于抗压强度的脆性材料梁,则最好采用中性轴不对称的 T 形等截面梁,并将其翼缘部分置于受拉侧,如图 2-7-4 所示。为了充分发挥材料的潜力,应使最大拉应力和最大压应力同时达到材料相应的许用应力。

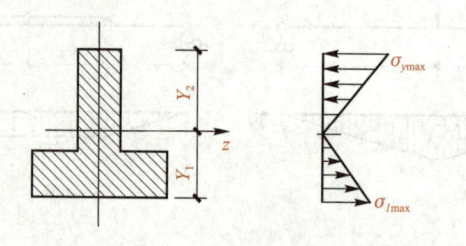

图 2-7-4 T 形截面梁

3. 采用变截面梁

一般情况下，梁内不同横截面的弯矩不同。因此，在按最大弯矩所设计的等截面梁中，除最大弯矩所在截面外，其余截面的材料强度均未得到充分利用。因此，在实际工程中，常根据弯矩沿梁轴线的变化情况，将梁相应设计成变截面。横截面沿梁轴线变化的梁，称为变截面梁。如图 2-7-5(a)、(b)所示，上、下加焊盖板的板梁和悬挑梁，就是根据各截面上弯矩的不同而采用的变截面梁。

将变截面梁设计为使每个横截面上最大正应力都等于材料的许用应力值，这种梁称为等强度梁。显然，这种梁的材料消耗最少、质量最小，是最合理的。但在实际工程中，由于构造和加工的关系，很难做到理论上的等强度梁，但在很多情况下，都利用了等强度梁的概念，即在弯矩大的梁段使其横截面相应地大一些，例如在厂房建筑中广泛使用的鱼腹梁和车辆工程中的钢板弹簧等，如图 2-7-5(c)、(d)所示。

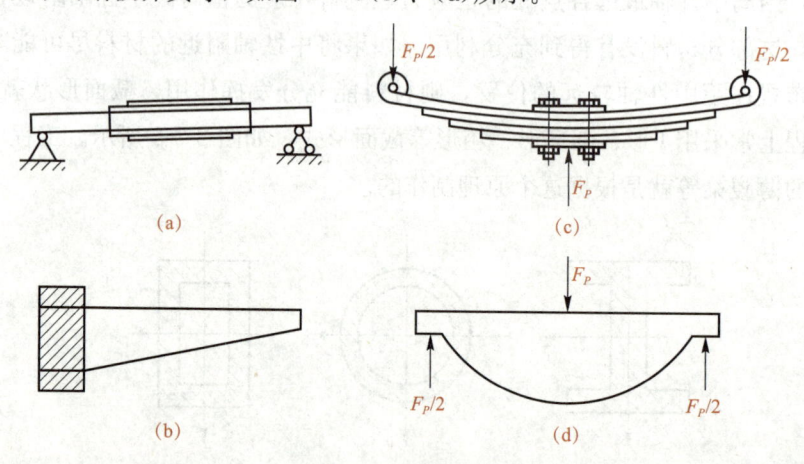

图 2-7-5 变截面梁

7.2 关于梁正应力的讨论

(1) 为什么常见的矩形截面梁的截面高度通常大于截面宽度？

有一根矩形截面梁，其横截面尺寸为 $2a \times a$，跨度为 l，承受均布荷载 q。现在比较将梁"立放"[图 2-7-6(a)]和"平放"[图 2-7-6(b)]时的正应力值。

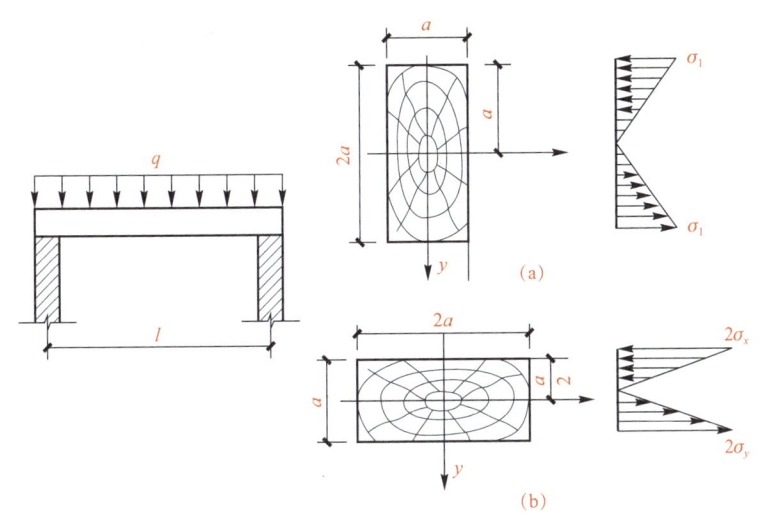

图 2-7-6　矩形截面梁

梁"立放"时，截面宽度 $b=a$，截面高度 $h=2a$。"立放"时的抗弯截面系数为 W_1，则 $W_1=bh^2/6=a(2a)^2/6=2a^3/3$。

梁"平放"时，截面宽度为 $b=2a$，截面高度 $h=a$。"平放"时的抗弯截面系数为 W_2，则 $W_2=bh^2/6=2a(a)^2/6=a^3/3$。

在外力相同的情况下，梁的最大弯矩相等，最大正应力与抗弯截面系数成反比，"立放"时的最大正应力是"平放"时的一半。因此，"平放"的梁容易发生破坏，所以常见的矩形截面梁通常是截面高度大于截面宽度。

(2)对于图 2-7-7，请问哪种砖的放置更合理？

图 2-7-7　砖的放置情况

将砖满铺在脚手板上。图 2-7-7(a)、(b)所示的两种情况下砖的块数相同，总荷载相等，支座反力也相等。经验说明：图 2-7-7(a)中板的弯曲变形大，容易破坏；图 2-7-7(b)中板的弯曲变形小，不容易破坏。

脚手板的两种受力情况的计算简图及内力图分别如图 2-7-8(a)、(b)所示。虽然两种受荷情况的总荷载值相等，但由于作用方式不同，所以它们引起的内力大小也不同。从弯矩图中可知，将荷载集中于跨中时的最大弯矩等于将荷载分散作用时的 2 倍，可得前者的最大正应力也是后者最大正应力的两倍。因此，按照图 2-7-7(b)所示放置更合理。

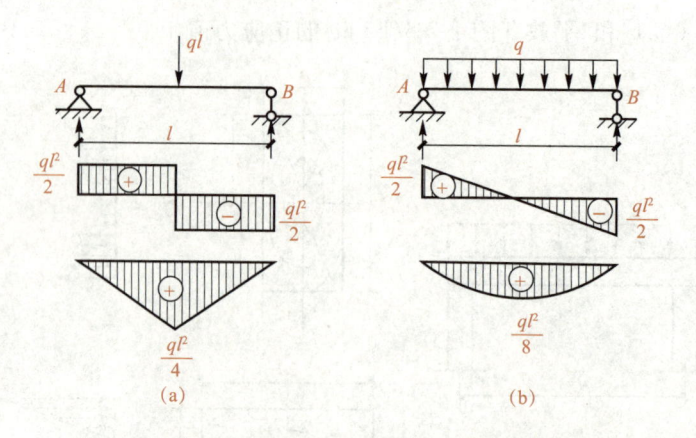

图 2-7-8　脚手板的两种受力情况的计算简图及内力图

能力训练

1. 操作条件

工地上有两块矩形截面的脚手板,截面尺寸均为 $2a \times a$,因使用一块强度不够,需要两块叠加使用。图 2-7-9(a)所示是将两块板上下叠加使用,图 2-7-9(b)所示是将两块板侧立并排放置使用,请问这两种使用方法哪个更合理?

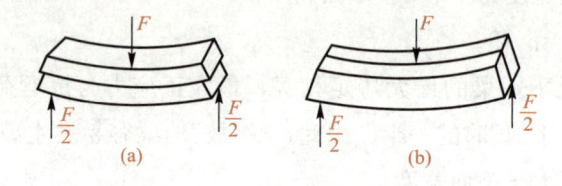

图 2-7-9　能力训练图

2. 操作过程

操作过程见表 2-7-1。

表 2-7-1　操作过程

序号	步骤	操作方法及说明	质量标准
1	分别计算两种不同放置方式的最大正应力 σ	(1)两块板上下叠放。 ①计算最大弯矩。 忽略两块板之间的摩擦力,上、下两块板同时发生弯曲变形,即两块板的上部都受压、下部都受拉,上、下板之间产生相对滑动。横截面上的弯矩由上、下板各承担一半,即 $M_1 = M/2$。 ②计算抗弯截面系数。 上面板的中性轴为 z_1,下面板的中性轴为 z_2。每块板的抗弯截面系数 $W_1 = bh^2/6 = 2a(a)^2/6 = a^3/3$	(1)能正确计算弯矩; (2)能正确计算抗弯截面系数; (3)能正确计算最大应力

续表

序号	步骤	操作方法及说明	质量标准
1	分别计算两种不同放置方式的最大正应力 σ	③计算最大正应力 σ_1。 若最大正应力为 σ_1，则 $\sigma_1 = M_1/W_1 = 3M/2a^3$。 (a) (2)两块板侧立放置。 ①计算最大弯矩。 横截面上的弯矩由前、后板各承担一半，即 $M_2 = M/2$。 ②计算抗弯截面系数。 两块板弯曲时有共同的中性轴为 z。每块板的抗弯截面系数 $W_2 = bh^2/6 = a(2a)^2/6 = 2a^3/3$ ③计算最大正应力 σ_2。 若最大正应力为 σ_2，则 $\sigma_2 = M_2/W_2 = 3M/(4a^3)$ (b)	（1）能正确计算弯矩； （2）能正确计算抗弯截面系数； （3）能正确最大应力
2	判定哪种放置方式更合理	叠放与侧立放置时最大的正应力比为 $\sigma_1/\sigma_2 = 2$，因此将两块脚手板侧立并排放更合理	能正确判断

· 83 ·

❖ **问题情境**

如图 2-7-10 所示,已知 $q=12$ kN/m,$[\sigma]=100$ MPa,请根据正应力强度条件选择槽钢的型号。

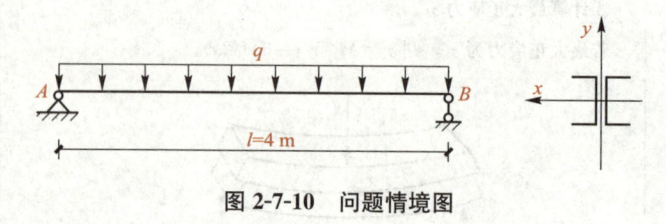

图 2-7-10　问题情境图

提示:简支梁最大弯矩 $M_{max}=ql^2/8$,强度条件 $\sigma_{max}=\dfrac{M_{max}}{W_z}\leqslant[\sigma]$。另外,需要注意的是按题目要求选用的是两个槽钢,因此,实际选用的槽钢 W 是按公式计算得到的 W_z 的一半。

3. **学习结果评价**

学习结果评价见表 2-7-2。

表 2-7-2　学习结果评价

序号	评价内容	评价标准	评价结果
1	能理解提高梁抗弯强度的措施	能合理布置梁的支座、荷载及梁宽梁高	是/否
2	能合理地选择梁的截面形式	能正确根据要求选择合适的型钢	是/否
是否可以进行下一步学习(是/否)			

💡 **课后作业**

若图 2-7-11 中悬臂梁跨度为 1.5 m,受到板传来的均布荷载为 4.5 kN/m,梁端部受到的集中力为 10 kN,试利用正应力强度条件为悬臂梁选择合适的工字钢型号。

图 2-7-11　课后作业图

提示：悬臂梁受力图如图 2-7-12 所示。

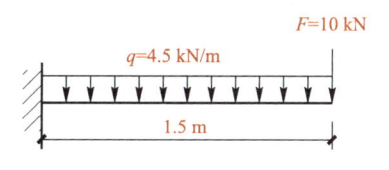

图 2-7-12　悬臂梁受力图

工作任务三　校核板的强度

职业能力1　能计算板的内力

🎯 核心概念

板：建筑中将房屋垂直方向分隔为若干层，并把人、家具等竖向荷载及自重通过墙体、梁或柱传递给基础的水平构件。板按其所用的材料不同，可分为木楼板、钢筋混凝土楼板和钢楼板。

⚙ 学习目标

(1) 能绘制板的受力图；
(2) 能计算板的荷载及内力。

工作任务3
校核板的强度

📖 基本知识

■ 1.1　钢筋混凝土平面楼盖的组成及结构类型

钢筋混凝土平面楼盖是由梁、板、柱(有时无梁)组成的梁板结构体系。它是土木与建筑工程中应用最广泛的一种结构形式。

图3-1-1所示为现浇钢筋混凝土肋梁楼盖。它由板、次梁及主梁组成，主要用于承受楼面竖向荷载。

楼盖的结构类型可以按照以下方法进行分类。

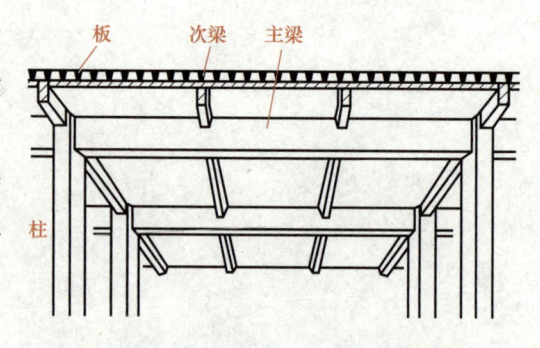

图3-1-1　现浇钢筋混凝土肋梁楼盖

1. 按结构形式

按结构形式的不同，楼盖可分为单向板肋梁楼盖、双向板肋梁楼盖、井式楼盖、密肋楼盖和无楼盖（又称板柱结构），如图 3-1-2 所示。

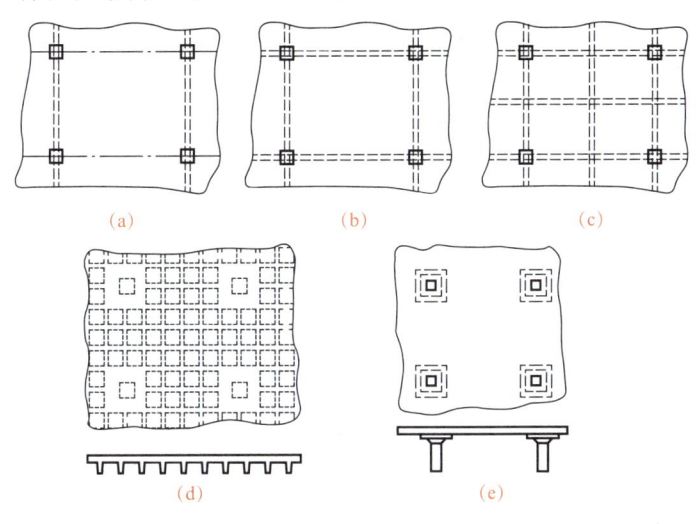

图 3-1-2　楼盖的结构类型

其中，单向板肋梁楼盖和双向板肋梁楼盖的使用最为普遍。

（1）肋梁楼盖：由相交的梁和板组成。其主要传力途径为板→次梁→主梁→柱或墙→基础→地基。肋梁楼盖的特点是用钢量较小，楼板上留洞方便，但支模较复杂。根据板长边与短边的比值不同，肋梁楼盖可分为单向板肋梁楼盖和双向板肋梁楼盖。

（2）无梁楼盖：在楼盖中不设梁，而将板直接支撑在带有柱帽（或无柱帽）的柱上，其传力途径是荷载由板传至柱或墙。无梁楼盖结构的高度小，净空大，结构顶棚平整，支模简单，但用钢量较大，通常用在冷库、各种仓库、商店等柱网布置接近方形的建筑工程中。当柱网较小（3～4 m）时，柱顶可不设柱帽；当柱网较大（6～8 m）且荷载较大时，柱顶设柱帽以提高板的抗冲切能力。

（3）密肋楼盖：密铺小梁（肋），间距为 0.5～2 m，一般将实心平板搁置在梁肋上或放在倒 T 形梁下翼缘上，上铺木地板。由于小梁较密，板厚很小，所以梁高也较肋梁楼盖小，结构自重较轻。

（4）井式楼盖：两个方向的柱网及梁的截面相同，由于是两个方向受力，梁高度比肋梁楼盖小，一般用于跨度较大且柱网呈方形的结构。

2. 按施工方法

按施工方法的不同，楼盖可分为现浇楼盖和装配式楼盖。

现浇楼盖具有刚度大、整体性好、抗震抗冲击性能好、防水性好、对不规则平面的适应性强、开洞容易等优点。其缺点是费工、费模板、工期长、施工受季节限制。

2016 年 9 月 27 日，国务院办公厅印发《关于大力发展装配式建筑的指导意见》，提出了

"力争用10年左右时间，使装配式建筑占新建建筑比例达到30%"的目标，标志着我国装配式建筑将进入规模化、产业化的大发展阶段。

装配式建筑是指结构系统、外围护系统、设备与管线系统、内装系统的主要部分采用预制部件集成的建筑。装配式建筑混凝土结构按技术体系不同，可分为装配整体式剪力墙结构体系、框架结构体系、框架-剪力墙结构体系。装配式框架结构体系有开敞的大空间和相对灵活的室内布局，对建筑总高度的要求相对适中，因此，该体系在我国国内主要适用于厂房、仓库、商场、办公楼、教学楼、医务楼、商务楼及居住等建筑。而在日本及我国台湾地区，框架结构则大量应用于包括居住建筑在内的高层、超高层民用建筑。

3. 按是否预加应力

按是否预加应力，楼盖可分为钢筋混凝土楼盖和预应力混凝土楼盖两种。当柱网尺寸较大时，预应力混凝土楼盖可有效减小板厚，降低建筑层高。

■ 1.2 单向板和双向板

肋梁楼盖中每一区格的板一般在四边都由梁或墙支承，形成四边支承板，由于梁的刚度比板的刚度大得多，所以在分析板的受力时，可以近似地忽略梁的竖向变形，假设梁为板的不动铰支座。

根据板的支承形式及长、短两个长度的比值，板可分为单面板和双向板，其受力性能及配筋构造都各有其特点。

当板的长边与短边比值≤2时，板在长向和短向两个方向受弯，这样的板叫作双向板。

当板的长边与短边比值≥3时，在荷载作用下，可近似地认为全部荷载通过短向受弯作用传到长边支座上，即只考虑板在短向受弯，对于长向受弯只做局部构造处理，这就是单向板。

■ 1.3 楼盖上作用的荷载

楼盖上作用的荷载可分为恒载与活载。

恒载是指在结构使用期间作用在结构上的恒定不变的荷载，如结构自重，一般以均布荷载的形式作用于结构。

楼盖上作用的恒载，除楼盖结构本身自重外，一般还有一些建筑做法的质量，如面层、隔声保温层及吊顶抹灰等质量均应计算在内，这应根据具体设计情况加以计算。

活载是指在结构使用期大小和作用位置均可变动的荷载。活载的分布常常是不规则的，并有一定的变动性，根据《建筑结构荷载规范》(GB 50009—2012)，一般将活载折合成每平方米楼盖面积上的均布荷载计算。

不同用途的楼面、屋面活荷载，不同地区的风荷载、屋面雪荷载，以及属于荷载的各种材料的单位质量均可查阅《建筑结构荷载规范》(GB 50009—2012)。对于有特殊用途的楼盖，其荷载在《建筑结构荷载规范》(GB 50009—2012)中无具体规定时，应根据实际情况确定。常用民用建筑楼面均布荷载标准值见表 3-1-1。

表 3-1-1　常用民用建筑楼面均布荷载标准值

序号	类别	标准值/(kN·m^{-2})
1	(1)住宅、宿舍、旅馆、办公楼、医院病房、托儿所、幼儿园； (2)试验室、阅览室、会议室、医院门诊室	2.0 2.0
2	教室、食堂、餐厅、一般资料档案室	2.5
3	(1)礼堂、剧场、影院、有固定座位的看台； (2)公共洗衣房	3.0 3.0
4	(1)商店、展览厅、车站、港口、机场大厅及其旅客等候室； (2)无固定座位的看台	3.5 3.5
5	(1)健身房、演出舞台； (2)运动场、舞厅	4.0 4.0
6	(1)书库、档案室、储藏室； (2)密集柜书库	5.0 12.0
7	通风机房、电梯机房	7.0
8	厨房 (1)餐厅； (2)其他	4.0 2.0
9	浴室、卫生间、盥洗室	2.5
10	走廊、门厅 (1)宿舍、旅馆、医院病房、托儿所、幼儿园、住宅； (2)办公楼、餐厅、医院门诊； (3)教学楼及其他可能人员密集的情况	2.0 2.5 3.5
11	楼梯 (1)多层住宅； (2)其他	2.0 3.5
12	阳台 (1)可能出现人员密集的情况； (2)其他	2.5 3.5

为了保证所设计计算的构件具有一定的安全性，在计算得到结构的实际荷载后，需要对荷载进行调整，把实际的荷载值称为荷载标准值，而把调整后的荷载值称为荷载设计值。

一般情况下，恒载取1.2的系数，活载取1.4的系数，对于标准值大于4 kN/m的工业房屋结构取1.3的系数。

1.4 现浇钢筋混凝土板的构造要求

1. 板的最小厚度

楼板现浇时，若板的厚度太小，则施工误差带来的影响就很大，因此，对现浇钢筋混凝土板有最小厚度的要求，具体见表3-1-2。

表3-1-2 现浇钢筋混凝土板的最小厚度　　　　　　　　　　　　　mm

板的类别		最小厚度
单向板	屋面板	60
	工业建筑楼板	70
	民用建筑楼板	60
	行车道下的楼板	80
双向板		80
密肋楼盖	面板	50
	肋高	250
悬臂板(根部)	悬臂长度不大于500	60
	悬臂长度1 200	100
无梁楼盖		150
现浇空心楼板		200

工程中常用的单向板板厚为60 mm、80 mm、100 mm、120 mm、150 mm，预制板的厚度可比现浇板小一些，但应满足钢筋保护层厚度的要求。

2. 板的受力钢筋

因为板所受的剪力较小，截面相对较大，在荷载作用下通常不会出现斜裂缝，所以板中不用配置箍筋抗剪。板中一般配置受力钢筋和分布钢筋。

现浇板的配筋通常按每米板宽的钢筋截面面积A_s值选用钢筋直径及间距。如$A_s=330$ mm²/m，由附表6选用Φ8@150($A_s=335$ mm²/m)，其中8为钢筋直径(mm)，150为钢筋中到中的距离(mm)。

板的受力钢筋直径通常采用8 mm、10 mm、12 mm、14 mm、16 mm。在同一构件中，当采用不同直径的钢筋时，其种类不宜多于两种。

板的受力钢筋间距不宜过大也不宜过小，过大则不易浇筑混凝土而且钢筋与混凝土之间的可靠黏结难以保证，过小则钢筋与钢筋之间的混凝土可能引起局部破坏。板内受力钢筋间距一般不小于 70 mm；当板厚 $h \leqslant 150$ mm 时，不宜大于 200 mm；当板厚 $h >150$ mm 时，不应大于 $1.5h$，且不宜大于 250 mm。

板内受力钢筋的保护层厚度取决于环境类别和混凝土的强度等级，当环境类别为一类时，即在室内环境下，板的最小混凝土保护层厚度是 15 mm，同时，也不应小于受力钢筋直径 d。

3. 板的分布钢筋

垂直于板的受力钢筋方向上布置的构造钢筋称为分布钢筋，配置在受力钢筋的内侧。分布钢筋的作用是将板面上承受的荷载更均匀地传递给受力钢筋，并抵抗温度、收缩应力沿分布钢筋受力方向产生的拉应力，同时在施工时固定受力钢筋的位置。

分布钢筋可按构造配置。当按单向板设计时，应在垂直于受力的方向布置分布钢筋，单位宽度上的配筋不宜小于单位宽度上的受力钢筋的 15%，且配筋率不宜小于 0.15%，分布钢筋直径不宜小于 6 mm，间距不宜大于 250 mm；当集中荷载较大时，分布钢筋的配筋面积尚应增加，且间距不宜大于 200 mm。

在温度、收缩应力较大的现浇板区域，应在板的表面双向配置防裂构造钢筋。

■ 1.5 装配式建筑中的叠合板

1. 叠合板的定义

在装配式建筑中，通常使用的水平受力构件是叠合板。

叠合板是由预制板和现浇钢筋混凝土层叠合而成的装配整体式楼板。预制预应力薄板（厚为 50~80 mm）与上部现浇混凝土层结合成为一个整体，共同工作，如图 3-1-3 所示。

图 3-1-3　预制叠合板

薄板的预应力主筋即叠合板的主筋，上部混凝土现浇层仅配置负弯矩钢筋和构造钢筋。预应力薄板用作现浇混凝土层的底模，不必为现浇层支撑模板。薄板底面光滑平整，板缝经处理后，顶棚可以不再抹灰。这种叠合板具有现浇楼板的整体性以及刚度大、抗裂性好、不增加钢筋消耗、节约模板等优点。

由于现浇楼板不需要支模,还有大块预制混凝土隔墙板可在结构施工阶段同时吊装,所以可提前插入装修工程,缩短整个工程的工期。

因此,叠合板整体性好,板的上、下表面平整,便于饰面层装修,适用于对整体刚度要求较高的高层建筑和大开间建筑。

2. 叠合板的应用范围及分类

叠合板的跨度一般为 4~6 m,最大跨度可达 9 m,广泛应用于旅馆、办公楼、学校、住宅、医院、仓库、停车场、多层工业厂房等各种房屋建筑工程。

预应力薄板按叠合面的构造不同,可分为以下三类。

(1)叠合面承受的剪应力较小,叠合面不设抗剪钢筋,但要求混凝土上表面粗糙、划毛或留一些结合洞。

(2)叠合面承受的剪应力较大,薄板表面除要求粗糙划毛外,还要增设抗剪钢筋,钢筋直径和间距经计算确定。钢筋的形状有波形、螺旋形及点焊网片弯折成三角形。

(3)预制薄板上表面设有钢桁架,用以加强薄板施工时的刚度,减少薄板下面架设的支撑。

3. 叠合板的构造

预制底板与后浇混凝土叠合层之间的结合面设置成粗糙面,粗糙面的面积不小于结合面的 80%,预制板的粗糙面凹凸深度不小于 4 mm。叠合板构造示意如图 3-1-4 所示。

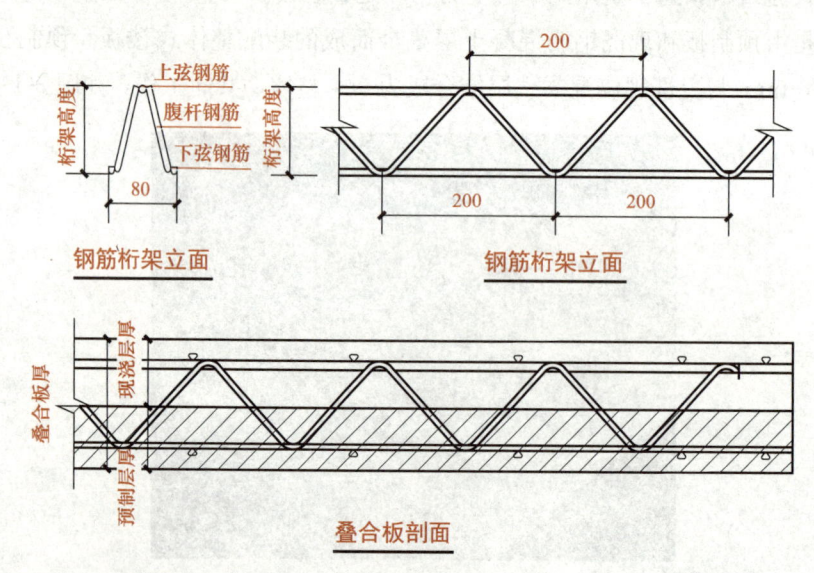

图 3-1-4 叠合板构造示意

能力训练

1. 操作条件

已知某宿舍楼的梁板布置图如图 3-1-5 所示,已知混凝土楼板厚为 100 mm,重力密度为25 kN/m³，室内地面采用地砖，地砖及细石混凝土垫层共30 mm厚，平均重力密度为23 kN/m³，板底粉刷白灰砂浆12 mm厚，重力密度为17 kN/m³。请根据单向板和双向板的定义判定该梁板平面布置图中哪些地方的板属于单向板，并计算阳台板及其传递给梁的荷载大小。

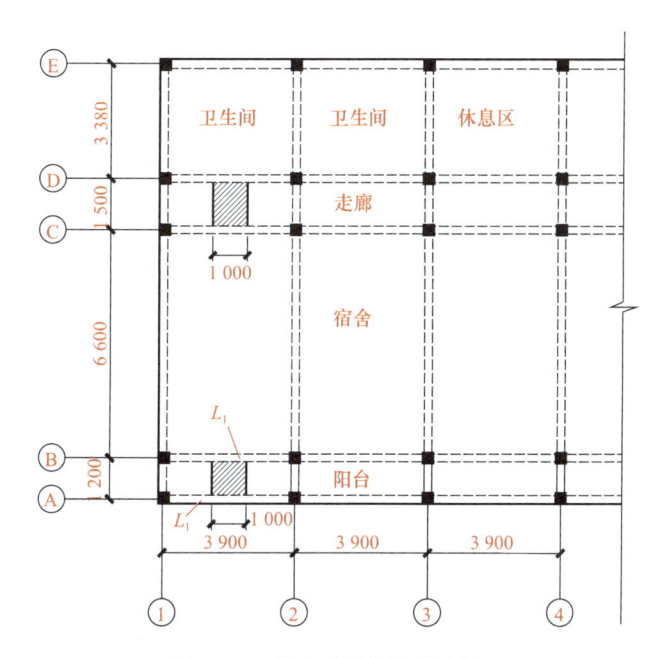

图 3-1-5　某宿舍楼的梁板布置图

2. 操作过程

操作过程见表3-1-3。

表 3-1-3　操作过程

序号	步骤	操作方法及说明	质量标准
1	判定单向板	根据单向板的定义可知，当板的长边与短边的长度比值大于等于2时，可定义该板为单向板。 从图3-1-5可知，阳台板的长边为3.9 m，短边为1.2 m；走廊板的长边为3.9 m，短边为1.5 m，均符合单向板的要求，因此，阳台板与走廊板都是单向板。 而宿舍、卫生间及休息区的板长边与短边的长度比值均小于2，故为双向板	能正确判定单向板、双向板
2	计算阳台板的荷载，作受力图并计算弯矩值	(1)计算阳台板上的恒载标准值。 ①取1 m宽板带作为计算单元，故其均布线荷载的数值就等于其均布面荷载的数值	(1)能正确计算荷载标准值； (2)能正确计算荷载设计值

续表

序号	步骤	操作方法及说明	质量标准
2	计算阳台板的荷载，作受力图并计算弯矩值	②计算恒载标准值。 地砖地面及垫层： $$0.03\times23\times1=0.69(kN/m)$$ 板自重： $$0.10\times25\times1=2.5(kN/m)$$ 白灰砂浆粉刷： $$0.012\times17\times1=0.204(kN/m)$$ 所以永久荷载总的标准值为 $$g_k=0.69+2.5+0.204=3.394(kN/m)$$ (2)计算阳台板上的可变荷载标准值。 查附表，按建筑用途可知，宿舍楼的可变荷载标准值为 $$q_k=2.0\times1=2.0(kN/m)$$ (3)计算荷载的设计值。 永久荷载设计值： $$g=1.2\times3.394=4.07(kN/m)$$ 可变荷载设计值： $$q=1.4\times2.0=2.8(kN/m)$$ (4)作受力图。 ①板与次梁或次梁与主梁的连接，一般视为铰支座。主梁与柱的线刚度比大于5时，可视为铰支座；反之按刚接计算。 ②按弹性理论计算时，跨度一般取支座中心线的距离；按塑性理论计算时，一般取净跨。此处按支座中心线距离计算	(3)能正确绘制板的受力图； (4)能正确计算板的最大弯矩值

续表

序号	步骤	操作方法及说明	质量标准
2	计算阳台板的荷载，作受力图并计算弯矩值	(5)计算板的跨中最大弯矩。 $$M=\frac{(q+g)l_0^2}{8}=\frac{(2.8+4.07)\times 1.2^2}{8}=1.24(\text{kN}\cdot\text{m})$$	—
3	计算阳台板传递给梁L1的荷载	由于阳台板为单向板，故其荷载沿着板的短边方向传至板的两个长边，即板的荷载均匀地传递到梁L1上。因此，梁L1上受到的由板传来的均布荷载计算如下。 ①计算永久荷载标准值。 地砖地面及垫层： $$0.03\times 23\times 1.2=0.828(\text{kN/m})$$ 板自重： $$0.10\times 25\times 1.2=3(\text{kN/m})$$ 白灰砂浆粉刷： $$0.012\times 17\times 1.2=0.245(\text{kN/m})$$ 所以永久荷载总的标准值为 $$g_k=0.828+3+0.245=4.073(\text{kN/m})$$ ②计算可变荷载标准值。 $$q_k=2.0\times 1.2=2.4(\text{kN/m})$$ ③计算板传递给梁的荷载设计值。 $$g+q=1.2\times 4.07+1.4\times 2.4=8.24(\text{kN/m})$$ 此时，梁L1的受力图如下： $q+g=8.24\ \text{kN/m}$ 3.9 m 需要注意的是，此时梁的荷载不包含梁本身的自重及梁另一侧板传来的荷载	(1)能正确计算荷载标准值； (2)能正确计算荷载设计值

❖ **问题情境1**

根据阳台板的计算步骤，试计算走廊板的所受的荷载及其传递给梁的荷载。

提示：走廊板也为单向板，其计算原理与阳台板一样。需要注意的是走廊板的跨度发生了变化。

❖ **问题情境2**

若梁L1的尺寸为240 mm×400 mm，钢筋混凝土重力密度取25 kN/m³，不考虑梁L1另一侧板传来的荷载，请问此时梁的受力图应如何绘制？其最大弯矩等于多少？

提示：需要增加的是梁的自重，恒载标准值计算出来后还要转化成荷载设计值。

3. 学习结果评价

学习结果评价见表3-1-4。

表 3-1-4　学习结果评价

序号	评价内容	评价标准	评价结果
1	板的内力计算	能掌握板的构造	是/否
		能计算板的荷载及内力	是/否
是否可以进行下一步学习(是/否)			

课后作业

通过测量，试着将教室所在教学楼的梁板布置图绘制出来，判断哪些板属于单向板，哪些板属于双向板，并计算单向板上的荷载及其梁的荷载。

职业能力2　能校核板的强度

核心概念

正应力：弯矩引起的应力叫作正应力，用符号 σ 表示，正应力与横截面垂直。
剪应力：剪力引起的应力叫作剪应力，用符号 τ 表示，剪应力与横截面相切。
强度条件：保证板在弯矩、剪力的作用下不产生破坏的条件。

学习目标

（1）能计算板的正应力，并判断是否满足正应力强度条件；
（2）能计算板的剪应力，并判断是否满足剪应力强度条件。

基本知识

板与梁一样，属于受弯构件，因此，板的正应力、剪应力的计算及正应力强度条件、剪应力强度条件的计算与应用也与梁相似，下面只做简单论述。

2.1　板的正应力计算

根据几何关系、物理关系及静力学关系可以推出，板弯曲时横截面任一点正应力的计算公式如下：

$$\sigma = \frac{M}{I_z} y$$

式中　M——横截面上的弯矩；

　　　y——欲求应力的点到中性轴的距离；

　　　I_z——截面对中性轴的惯性矩。

根据上式可知，板横截面任一点处的正应力与该截面的弯矩 M 及该点到中性轴的距离 y 成正比，与该截面对中性轴的惯性矩 I_z 成反比；当截面上作用正弯矩时下部为拉应力，上部为压应力，而当截面上作用负弯矩时，上部为拉应力，下部为压应力。

■ 2.2　板的正应力强度条件

板弯曲变形时，最大弯矩 M_{max} 所在的截面就是危险截面，该截面上距中性轴最远的边缘 y_{max} 处正应力最大，也是危险点：

$$\sigma_{max} = \frac{M_{max}}{W_z} \leqslant [\sigma]$$

上式为板的正应力强度条件。利用此强度条件，可解决强度校核、设计截面尺寸及确定许可荷载三类强度计算问题。

■ 2.3　板的剪应力计算

板弯曲时横截面存在剪力，在剪力作用下，板横截面上各点存在剪应力，剪应力在横截面上的分布应遵循以下规律。

(1)横截面上各点剪应力的方向与横截面上剪力方向一致；

(2)横截面上距中性轴距离相等的点处剪应力大小相等。

板的横截面一般都为矩形，弯曲剪应力沿截面高度呈抛物线分布；在截面的上、下边缘剪应力 $\tau = 0$；在中性轴($y = 0$)处，剪应力最大。

剪应力最大公式如下：

$$\tau_{max} = \frac{3}{2} \cdot \frac{Q_{max}}{bh}$$

■ 2.4　板的剪应力强度条件

板弯曲变形时，最大剪力 Q_{max} 所在的截面就是危险截面，该截面上最大的剪应力为

$$\tau_{max} = \frac{3}{2} \cdot \frac{Q_{max}}{bh} \leqslant [\tau]$$

上式为板的剪应力强度条件。利用此强度条件，可解决强度校核、设计截面尺寸及确定许可荷载三类强度计算问题。

能力训练

1. 操作条件

图 3-2-1 所示为某阳台构造图，其由木板铺成，阳台承受大小为 $q = 2$ kN/m² 的面荷

载。在阳台 B、D 两个角部受到由立柱传来的集中荷载 $F=4$ kN。阳台板搁置在固定于墙内的两个悬臂梁 AB 及 CD 上。已知木材的许用应力 $[\sigma]=10$ MPa，$[\tau]=0.2$ MPa。试确定木板所需的厚度。

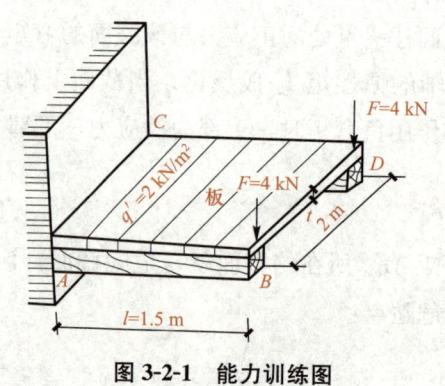

图 3-2-1　能力训练图

2. 操作过程

操作过程见表 3-2-1。

表 3-2-1　操作过程

序号	步骤	操作方法及说明	质量标准
1	绘制受力图	(1)计算阳台板上的恒载标准值。 取 1 m 宽板带作为计算单元，故其均布线荷载的数值就等于其均布面荷载的数值。 $$q_板 = q \times 1 = 2 \times 1 = 2 (\text{kN/m})$$ (2)绘制板的受力图	(1)能正确计算板受到的均布荷载； (2)能正确绘制板的受力图
2	计算板的内力，并绘制内力图	(1)求支座反力。利用对称性可知： $$F_B = F_D = \frac{1}{2}(4 + q_板 \times 2 + 4) = 8 \text{ kN}$$ (2)作板的内力图。利用内力图的作图规律可以方便地得到板的内力图。 其中，$M_{max} = \frac{1}{8}ql^2 = \frac{1}{8} \times 2 \times 2^2 = 1$ kN·m	(1)能正确计算支座反力； (2)能正确绘制内力图

续表

序号	步骤	操作方法及说明	质量标准
3	计算板厚	(1)满足正应力强度条件的板厚为 $$\sigma_{max}=\frac{M}{W}\leqslant [\sigma]$$ 即 $$\frac{1\times 10^6}{\frac{1\,000\times t^2}{6}}\leqslant 10$$ 则 $t\geqslant 25.5$ mm (2)满足剪应力强度条件的板厚为 $$\tau_{max}=\frac{3}{2}\cdot \frac{Q_{max}}{bh}\leqslant [\tau]$$ 即 $$\frac{3}{2}\times \frac{4\times 10^3}{1\,000\times t}\leqslant 0.2$$ 则 $t\geqslant 30$ mm (3)确定板厚。为了保证板有足够的抗弯及抗剪强度,取板厚 $t\geqslant 30$ mm	(1)能正确使用正应力强度条件; (2)能正确使用剪应力强度条件

❖ **问题情境**

若木梁截面为矩形,高宽比 $h:b=2:1$,试确定木梁的尺寸。

提示:

(1)作 AB 梁的受力图(图 3-2-2)。

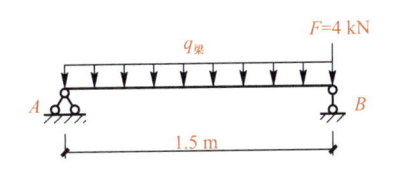

图 3-2-2 **AB 梁的受力图**

$$q_{梁}=\frac{q\times 2\times 1.5}{2\times 1.5}=q=2(kN/m)$$

(2)作梁的内力图(图 3-2-3)。

图 3-2-3 **梁的内力图**

(3)利用强度条件确定板厚。

正应力强度条件: $$\sigma_{max}=\frac{M}{W}\leqslant [\sigma]$$

即
$$\frac{8.25 \times 10^6}{\frac{b \times h^2}{6}} \leqslant 10 \text{ 且 } h:b=2:1$$

剪应力强度条件：
$$\tau_{max} = \frac{3}{2} \cdot \frac{Q_{max}}{bh} \leqslant [\tau]$$

即
$$\frac{3}{2} \times \frac{7 \times 10^3}{b \times h} \leqslant 0.2 \text{ 且 } h:b=2:1$$

可求出满足条件的梁宽和梁高。

3. 学习结果评价

学习结果评价见表 3-2-2。

表 3-2-2 学习结果评价

序号	评价内容	评价标准	评价结果
1	板的内力计算	能计算板的正应力及剪应力	是/否
		能校核板的强度	是/否
是否可以进行下一步学习(是/否)			

课后作业

图 3-2-4 所示为某阳台构造图，其由钢板铺成，阳台承受大小为 $q=2$ kN/m² 的面荷载。在阳台 B、D 两个角部受到由立柱传来的集中荷载 $F=4$ kN。阳台板搁置在固定于墙内的两个悬臂梁 AB 及 CD 上。已知钢材的许用应力 $[\sigma]=160$ MPa。试确定钢板所需的厚度。

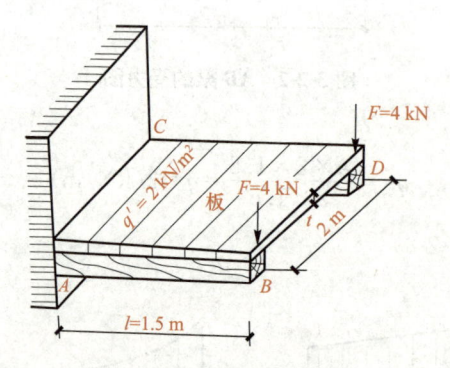

图 3-2-4 课后作业图

工作任务四　校核轴心受压柱的强度

职业能力 1　能计算柱子的轴力

核心概念

杆件：建筑物中的柱子，其一个方向的尺寸远大于另外两个方向的尺寸，把这样的构件称为杆件，房屋中除柱子外，梁、屋架中的各杆也都属于杆件。

轴向受力杆件：作用在杆件上的外力是多种多样的，有拉力、压力、力偶等，因此，杆件的变形也是多种多样的。当杆件所受到的外力与杆件的轴线方向一致时，把这种杆件称为轴向受力杆件，它将产生沿轴线方向拉伸或压缩的变形，如建筑结构中的柱子。

内力：物体在未受到外力作用时，物体内各质点间本来有相互作用力，物体在外力作用下，物体内各质点间的相对位置将发生改变，各质点间的原有相互作用力就会改变，这种力的改变量，简称内力，如图 4-1-1 所示。内力是由外力引起的杆件各部分间相互作用力的变化值，内力随外力的改变而改变，但不能随外力无限增大，当外力增大到杆件不能承受时，杆件就会断裂。

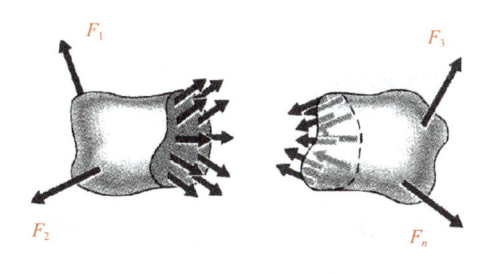

图 4-1-1　内力示意

轴力：当内力的方向与杆件轴向一致时，该内力称为轴力。

学习目标

(1) 能辨别杆件的变形形式；
(2) 能计算轴向受力杆件的轴力；
(3) 能绘制轴力图。

工作任务 4
校核轴心受压柱的强度

基本知识

1.1 杆件的基本变形形式

1. 拉伸和压缩

杆件两端沿轴向作用一对等值、反向的拉力（或压力），使杆件沿轴向伸长（或缩短），如图 4-1-2 所示。

2. 剪切

杆件受一对等值、反向、作用线平行且相距很近的横向力作用，使杆件在二力间的横截面产生相对错动，如图 4-1-3 所示。

3. 扭转

圆轴两端作用一对大小相等、转向相反、作用面与轴线垂直的力偶，使圆轴任意两横截面发生相对转动，如图 4-1-4 所示。

4. 平面弯曲

杆件受一对大小相等、方向相反、位于杆的纵向对称面内的力偶作用，使杆件轴线在此纵向对称面内由直线变成曲线，如图 4-1-5 所示。

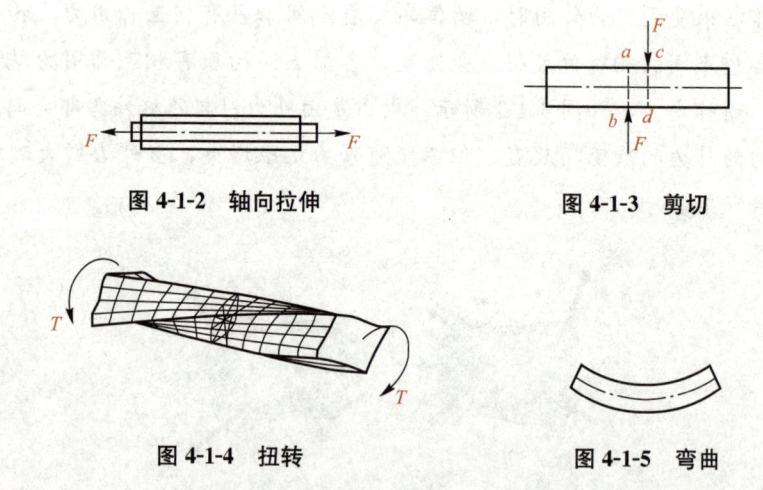

图 4-1-2 轴向拉伸

图 4-1-3 剪切

图 4-1-4 扭转

图 4-1-5 弯曲

1.2 轴力

直杆两端沿轴向作用一对拉力 P，如图 4-1-6 所示。为求出 A 截面上的内力，首先，可假想在此截面处将杆件切开，分为左、右两部分；其次，取左侧部分为研究对象，移去右侧部分对左侧部分的作用，以内力代替，其合力记为 N；最后，由于杆件原来处于平衡状态，所以切开后各部分仍处于平衡状态，由平衡条件可得 $N=P$，如取右侧部分为研究对象，结论也是一样的。

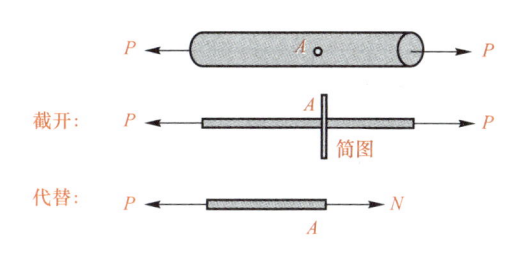

图 4-1-6 轴力的计算

由于外力 P 的作用线与杆件轴线重合，内力的合力 N 的作用线也必然与杆件轴线重合，所以 N 称为轴力。为了使同一截面取左段求得的轴力与取右段求得的轴力不仅大小相等，而且正负号相同，对轴力正负号做如下规定：轴力背离截面（拉力）时为正，轴力指向截面（压力）时为负，如图 4-1-7 所示。

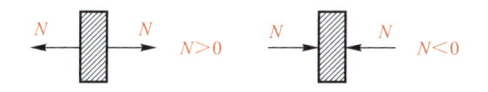

图 4-1-7 轴力的正负号规定

1.3 截面法

上面这种假想用一截面将杆件截开为两部分，然后取其中一部分为研究对象，再利用平衡条件求截面内力的方法称为截面法。截面法的基本步骤如下。

（1）截开：在所求内力的截面处，假想地用截面将杆件一分为二。

（2）代替：任取截面左边或右边为研究对象，用作用在截开面上相应的内力（力或力偶）代替舍去的那一部分作用。

（3）平衡：对留下的部分建立平衡方程，根据已知外力计算杆在截开面上的未知内力。

1.4 轴力图

当杆件受到两个以上的轴向外力作用时，在杆件的不同区段轴力不等，为了清楚地表达轴力随截面位置的变化情况，可用平行于杆轴线的坐标表示横截面位置，垂直坐标表示横截面上的轴力，按选定比例把正值（拉力）的轴力图画在坐标的正向，把负值（压力）的轴力图画在坐标的负向，这样画出的图形即轴力图。

能力训练

1. 操作条件

已知一等直杆及受力情况如图 4-1-8 所示，试求各截面的轴力并做轴力图。

图 4-1-8 等直杆受力情况

2. 操作过程

操作过程见表 4-1-1。

表 4-1-1 操作过程

序号	步骤	操作方法及说明	质量标准
1	将整个杆件分段	由于外力作用在 A，B，C，D 四个截面处，因此可判定杆件的轴力在截面 B 及截面 C 处将发生变化，由此在进行轴力计算时应将整个杆件分为三段，即 AB 段、BC 段、CD 段	能根据受力特点将杆件分段
2	利用截面法分别计算每段的内力	(1)计算 AB 段轴力。 ①用假想的截面 1-1 将 AB 段截开。 ②取 1-1 截面左侧部分为研究对象，用力 N_1 代替截面右侧杆件。 ③利用平衡 $N_1 - 5\ \text{kN} = 0$，可得 $N_1 = 5\ \text{kN}$ (2)计算 BC 段轴力。 ①用假想的截面 2-2 将 BC 段截开	(1)取截面受力简单一侧作为研究对象； (2)假设所有轴力均为拉力，若计算结果为正，则代表轴力是拉力，杆件受拉，若计算结果为负，则代表轴力是压力，杆件受压； (3)列力的平衡方程时，力与 x 轴指向相同时为正，反之为负

续表

序号	步骤	操作方法及说明	质量标准
2	利用截面法分别计算每段的内力	②取截面 2-2 左侧部分为研究对象，用力 N_2 代替截面右侧杆件。 ③利用平衡 $N_2-5\ kN-10\ kN=0$，可得 $N_2=15\ kN$ (3)计算 CD 段轴力。 ①用假想的截面 3-3 将 CD 段截开。 ②取截面 3-3 右侧部分为研究对象，用力 N_3 代替截面左侧杆件。 ③利用平衡 $30\ kN-N_3=0$，可得 $N_3=30\ kN$	(1)取截面受力简单一侧作为研究对象； (2)假设所有轴力均为拉力，若计算结果为正，则代表轴力是拉力，杆件受拉，若计算结果为负，则代表轴力是压力，杆件受压； (3)列力的平衡方程时，力与 x 轴指向相同时为正，反之为负
3	绘制杆件的轴力图	(1)画一根线段代替原杆件，并将线段按原杆件分段。 (2)将上述每段杆件计算所得的轴力值按比例画在线段上。 (3)将轴力的大小、正负标于图中，并画上竖线，标图名 N图	(1)线段代表原杆件的轴线； (2)图中轴力的大小按比例绘制； (3)标出轴力的大小与正负，把正的轴力(拉力)画在线段的上侧，把负的轴力(压力)画在线段的下侧

❖ **问题情境 1**

如果上述杆件变成一个变截面杆(杆件各段的横截面大小不同),如图 4-1-9 所示,请问各段的轴力值会不会产生变化?

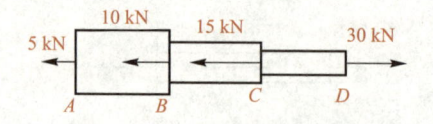

图 4-1-9　问题情境 1 图

提示：在计算杆件的轴力时发现,与杆件轴力大小相关的量只有一个,即杆件所受的外力,而与杆件的长短、粗细没有关系。因此,当杆件所受的外力不变时,改变杆件的横截面大小并不会改变杆件各段的轴力大小。

❖ **问题情境 2**

如果杆件一端是支座,如图 4-1-10(a)所示,在进行轴力计算时,能不能取假想截面的左侧[图 4-1-10(b)]作为研究对象进行计算?

图 4-1-10　问题情境 2 图

提示：取截面左侧作为研究对象时会发现 A 支座在计算范围内,但 A 支座处的支座反力并不知道,在不确定所有外力大小的时候,不能列平衡方程来求解未知的轴力。因此,遇到上述情况时,可以采取两种方法：一种是先将 A 端的支座反力求解出来,然后按照之前的解题方法,取假想截面的左侧或右侧分段进行轴力的计算;另一种是不求 A 端的支座反力,在进行各段轴力计算时只取假想截面的右侧部分作为研究对象,然后列平衡方程求解轴力。

3. 学习结果评价

学习结果评价见表 4-1-2。

表 4-1-2　学习结果评价

序号	评价内容	评价标准	评价结果
1	轴心受力构件的轴力计算	能对构件进行正确的分段	是/否
		能正确计算轴力	是/否
2	轴力图的绘制	能正确绘制轴力图	是/否
是否可以进行下一步学习(是/否)			

📖 课后作业

已知某五层教学楼，二楼教室中某根柱子受到梁传递的荷载是 240 kN，假设与该柱子同一轴线的上下所有柱子受到的梁荷载均为 240 kN，柱子本身自重为 30 kN，试计算该轴线上下 5 根柱子所受到的轴力，并绘制该柱的轴力图。

职业能力 2　能计算柱子的正应力和变形

🎯 核心概念

应力：单位面积上的内力称为应力。

正应力：垂直于横截面的应力称为正应力。

胡克定律：试验表明，当杆内的应力不超过材料的某一极限值，则正应力和正应变成线性正比关系，称为胡克定律。

应变：长为 L 的等直杆在轴向力作用下，变形后为 L_1，则杆件的变形量 $\Delta L = L_1 - L$，单位长度的变形量称为应变，用 ε 表示，$\varepsilon = \dfrac{\Delta L}{L}$。

⚙️ 学习目标

(1) 能计算轴向受力杆件的正应力；
(2) 能计算轴向受力杆件的变形。

📖 基本知识

■ **2.1　应力**

应力反映的是内力在横截面上分布的密集程度。

应力的单位是帕斯卡，简称帕，符号为 Pa，1 Pa＝1 N/m²。

工程中应力的数值很大，常用兆帕或吉帕为单位，即 1 MPa＝10^6 Pa＝10^6 N/m²，1 GPa＝10^3 MPa＝10^9 Pa＝10^9 N/m²。

工程中，长度尺寸常以 mm 为单位，1 MPa＝1 N/mm²。

■ **2.2　正应力**

应力的分布与变形有关，因此，可以通过杆件的变形试验研究来推测应力的分布（图4-2-1）。

图 4-2-1 杆件受力轴向后的变形

根据观察到的轴向受力杆件的变形,发现变形前为平面的横截面,变形后仍为平面,只是沿轴线发生了平移,这就是平面假设。根据平面假设,任意两截面间的各纵向线的伸长或缩短都相同,即杆横截面上各点处的变形都相同,因此通过推理可知,轴向受力构件横截面上的内力是均匀分布的。

由于轴向受力杆件的内力是轴力,轴力是垂直于横截面的,故相应的内力分布即应力必然垂直于横截面,把垂直于横截面的应力称为正应力,用符号 σ 表示,其计算公式如下:

$$\sigma = \frac{N}{A} \tag{4-2-1}$$

式中 N——轴力;

A——杆件的横截面面积;

σ——其正负号与 N 相同,即拉应力为正,压应力为负。

2.3 轴向受力杆件的纵向变形

轴向受力杆件受拉力作用后,杆件长度会增大,而横截面面积会减小,如图 4-2-2 所示;反之,如果杆件受压,则杆件长度减小,而横截面面积会增大。

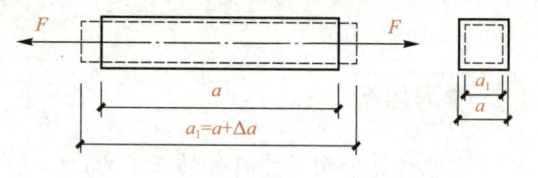

图 4-2-2 轴向受力杆件受拉力作用

长为 L 的等直杆,在轴向力作用下,变形后为 L_1,则杆件的变形量 $\Delta L = L_1 - L$。当杆件受拉时,$\Delta L > 0$;当杆件受压时,$\Delta L < 0$。

ΔL 是绝对变形量,把单位长度的变形量称为应变,用 ε 表示,$\varepsilon = \frac{\Delta L}{L}$。

试验表明,若杆内的应力不超过材料的某一极限值,则应力和应变成线性正比关系,称为胡克定律。

$$\sigma = E\varepsilon \tag{4-2-2}$$

式中,E——材料的弹性模量,查表 4-2-1。

对式(4-2-2)稍加变形,就可得到胡克定律的另外一个表达式:

$$\Delta L = \frac{NL}{EA} \tag{4-2-3}$$

式中 N——杆件的轴力;

L——杆件原长;

E——材料的弹性模量;

A——杆件的横截面面积。

EA 越大，杆件的变形越小，因此，把 EA 称为轴向受力杆件的抗拉压刚度。

2.4 轴向拉(压)的横向变形

轴向拉压杆在受力后，其纵向和横向的变形存在某种比例关系。法国科学家泊松于 1829 年从理论上推演得出的这种比例关系。把纵向变形和横向变形的比值称为泊松比 u，查表 4-2-1。

$$\mu = \left| \frac{\varepsilon'}{\varepsilon} \right| \tag{4-2-4}$$

表 4-2-1 常用材料的 E，μ 值

材料名称	牌号	E/GPa	μ
低碳钢	Q235	200~210	0.24~0.28
中碳钢	45	205	0.24~0.28
低合金钢	16Mn	200	0.25~0.30
合金钢	40CrNiMoA	210	0.25~0.30
灰口铸铁		60~162	0.23~0.27
球墨铸铁		150~180	
铝合金	LY12	71	0.33
硬铝合金		380	
混凝土		15.2~36	0.16~0.18
木材(顺纹)		9.8~11.8	0.053 9
木材(横纹)		0.49~0.98	

能力训练

1. 操作条件

一变截面受力如图 4-2-3 所示，已知横截面面积 $A_3 = 200 \text{ mm}^2$，$A_1 = 400 \text{ mm}^2$，AB 段的长度 $L_{AB} = 1.2$ m，BC 段的长度 $L_{BC} = 0.8$ m，CD 段的长度 $L_{CD} = 0.3$ m，DE 段的长度 $L_{DE} = 1.5$ m，材料的弹性模量 $E = 2.0 \times 10^5$ MPa。试求各横截面上的应力及整个杆件的变形。

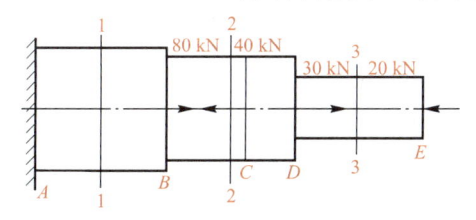

图 4-2-3 能力训练图

2. 操作过程

操作过程见表 4-2-2。

表 4-2-2　操作过程

序号	步骤	操作方法及说明	质量标准
1	计算各段轴力，绘制轴力图	(1)依据职业能力 4.1 中论述的方法，利用截面法计算各段的轴力。 将杆件分成四段，分别取截面右侧为研究对象，利用力的平衡，可求出各段的轴力如下： $N_1=50$ kN，$N_2=-30$ kN，$N_3=10$ kN，$N_4=-20$ kN (2)绘制轴力图。 N图　50 kN　10 kN　30 kN　20 kN 将上述求得的各段轴力依次画在轴力图上。注意：正的轴力画在上侧，负的轴力画在下侧	能准确计算各段的轴力，并绘制轴力图
2	计算各横截面的应力	将各段轴力代入正应力计算公式求得各截面的应力。 $$\sigma=\frac{N}{A}$$ AB 段： $$\sigma_{AB}=\frac{N_1}{A_1}=\frac{50\times10^3}{400}=125(\text{MPa})$$ BC 段： $$\sigma_{BC}=\frac{N_2}{A_2}=\frac{-30\times10^3}{300}=-100(\text{MPa})$$ CD 段： $$\sigma_{CD}=\frac{N_3}{A_2}=\frac{10\times10^3}{300}=33.3(\text{MPa})$$ DE 段： $$\sigma_{DE}=\frac{N_4}{A_3}=\frac{-20\times10^3}{200}=-100(\text{MPa})$$	正确利用正应力计算公式求解各截面的正应力
3	计算各段的变形量及杆件总变形量	利用公式 $\Delta L=\dfrac{NL}{EA}$ 计算各段的变形及杆件总变形。 $$\Delta L_{AB}=\frac{NL}{EA}=\frac{50\times10^3\times1\,200}{2\times10^5\times400}=0.75(\text{mm})$$ $$\Delta L_{BC}=\frac{NL}{EA}=\frac{-30\times10^3\times800}{2\times10^5\times300}=-0.4(\text{mm})$$ $$\Delta L_{CD}=\frac{NL}{EA}=\frac{10\times10^3\times300}{2\times10^5\times300}=0.05(\text{mm})$$ $$\Delta L_{DE}=\frac{NL}{EA}=\frac{-20\times10^3\times1\,500}{2\times10^5\times200}=-0.75\,(\text{mm})$$ $$\Delta L_{总}=\Delta L_{AB}+\Delta L_{BC}+\Delta L_{CD}+\Delta L_{DE}=-0.35(\text{mm})$$	(1)能正确计算各段杆件的变形量； (2)计算的变形量值为正代表杆件伸长，反之代表杆件压缩； (3)杆件的总变形量为各段杆件变形量的代数和

❖ 问题情境

两根轴向受力杆件，所受外力大小相同，杆件材料相同，截面面积不同，杆件长度不同，请问这两根杆件的轴力和变形是否相同？

提示：在计算杆件的轴力时发现，与杆件轴力大小相关的量只有一个，即杆件所受的外力，而与杆件的材料、长短、粗细没有关系，因此，这两根杆件的轴力是相同的。但是杆件的变形量除跟杆件所受的外力相关外，还与杆件的材料、长度及横截面相关，所以上述两个杆件的变形量不一定相同。

3. 学习结果评价

学习结果评价见表 4-2-3。

表 4-2-3　学习结果评价

序号	评价内容	评价标准	评价结果
1	轴心受力构件的应力计算	能正确计算轴向受力杆件的正应力	是/否
2	轴心受力构件的变形计算	能正确计算轴向受力杆件的变形量	是/否
是否可以进行下一步学习（是/否）			

💡 课后作业

已知某五层教学楼，二楼教室中某根柱子受到梁传递的荷载是 240 kN，假设与该柱子同一轴线的上下所有柱子受到的梁荷载均为 240 kN，柱高为 3 m，柱横截面为 500 mm×500 mm，混凝土重力密度为 25 kN/m³，混凝土的弹性模量 $E=22$ GPa，试计算该轴线上下 5 根柱子总的变形量。

职业能力 3　能判定柱子的强度是否满足要求

⊕ 核心概念

失效：对于塑性材料而言，当应力达到屈服极限时，构件已发生明显的塑性变形，影响其正常工作，称为失效；对于脆性材料而言，直到断裂也无明显的塑性变形，断裂是失效的唯一标志。

极限应力：根据失效的准则，对于塑性材料而言，取其屈服极限作为极限应力，对于脆性材料而言，取其强度极限作为极限应力。将屈服极限与强度极限通称为极限应力。

许用应力：$[\sigma]$把极限应力除以一个大于 1 的系数，得到的应力值称为许用应力。

强度条件：$\sigma_{\max}=\dfrac{N}{A_{\max}}\leqslant[\sigma]$。

学习目标

(1) 能依据强度条件对杆件进行强度校核；

(2) 能依据强度条件对杆件进行截面设计；

(3) 能依据强度条件确定杆件的许可荷载。

基本知识

■ 3.1 安全系数与许用应力

1. 安全系数

在荷载作用下产生的实际应力称为工作应力，它随外力的增加而增大。对于由某种材料制成的杆件而言，工作应力的增加是有限度的，当工作应力超过材料的极限应力时，杆件就要破坏。不同材料的极限应力不同。

为了使杆件能安全工作，不仅不能让它的工作应力达到材料的极限应力，还要留有一定的安全储备。工程上，通常将极限应力 σ_u 除以一个大于1的系数作为杆件工作应力的最高限度。将这个大于1的系数称为安全系数。

2. 许用应力

极限应力除以安全系数，得到的应力值称为许用应力，即

$$[\sigma] = \frac{\sigma_u}{n} \tag{4-3-1}$$

■ 3.2 强度条件

为了保障构件安全工作，构件内最大工作应力必须小于许用应力，即

$$\sigma_{\max} = \frac{N}{A} \leqslant [\sigma] \tag{4-3-2}$$

此公式称为拉压杆的强度条件。

利用强度条件，可以解决以下三类强度问题。

(1) 强度校核：在已知拉压杆的形状、尺寸和许用应力及受力情况下，检验构件能否满足上述强度条件，以判别构件能否安全工作。

(2) 设计截面：已知拉压杆所受的荷载及所用材料的许用应力，根据强度条件设计截面的形状和尺寸，表达式为

$$A \geqslant \frac{N}{[\sigma]} \tag{4-3-3}$$

(3) 计算许用荷载：已知拉压杆的截面尺寸及所用材料的许用应力，计算杆件所能承受的许可轴力，再根据此轴力计算许用荷载，表达式为

$$N \leqslant A[\sigma] \qquad (4\text{-}3\text{-}4)$$

能力训练

1. 操作条件

已知变截面柱受力如 4-3-1 图所示，已知横截面面积 $A_1 = 400 \text{ mm}^2$，$A_2 = 300 \text{ mm}^2$，$A_3 = 200 \text{ mm}^2$，材料的许用拉应力 $[\sigma]_拉 = 40$ MPa，许用压应力 $[\sigma]_压 = 120$ MPa。试校核该变截面柱的强度。

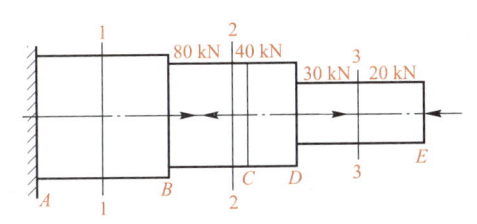

图 4-3-1　能力训练图

2. 操作过程

操作过程见表 4-3-1。

表 4-3-1　操作过程

序号	步骤	操作方法及说明	质量标准
1	计算各段轴力	依据职业能力 4.1 中论述的方法，利用截面法计算各段的轴力。 将杆件分成四段，分别取截面右侧为研究对象，利用力的平衡，可求出各段的轴力如下： $N_1 = 50$ kN，$N_2 = -30$ kN，$N_3 = 10$ kN，$N_4 = -20$ kN	能准确计算各段的轴力，并绘制轴力图
2	计算各横截面的应力	将各段轴力代入正应力计算公式求得各截面的应力。 $$\sigma \leqslant \frac{N}{A}$$ AB 段： $$\sigma_{AB} = \frac{N_1}{A_1} = \frac{50 \times 10^3}{400} = 125 \text{(MPa)}$$ BC 段： $$\sigma_{BC} = \frac{N_2}{A_2} = \frac{-30 \times 10^3}{300} = 100 \text{(MPa)}$$ CD 段： $$\sigma_{CD} = \frac{N_3}{A_2} = \frac{-10 \times 10^3}{300} = 33.3 \text{(MPa)}$$ DE 段： $$\sigma_{DE} = \frac{N_4}{A_3} = \frac{-20 \times 10^3}{200} = 100 \text{(MPa)}$$	能正确利用正应力计算公式求解各截面的正应力

续表

序号	步骤	操作方法及说明	质量标准
3	校核各段柱的强度	要使构件强度满足要求，则 $\sigma \leqslant [\sigma]$。 $\sigma_{AB}=125$ MPa$>[\sigma]_{拉}=40$ MPa，强度不满足 $\sigma_{BC}=100$ MPa$<[\sigma]_{压}=120$ MPa，强度满足 $\sigma_{CD}=33.3$ MPa$<[\sigma]_{拉}=40$ MPa，强度满足 $\sigma_{DE}=100$ MPa$<[\sigma]_{压}=120$ MPa，强度满足 因此，该截面柱将在 AB 段发生破坏	能利用强度条件，判别柱子的强度是否满足要求

❖ **问题情境1**

要使上题中的柱子强度满足要求，应该如何设计 AB 段的截面？

提示：AB 段 $\sigma_{AB}>[\sigma]_{拉}$，要使该段强度满足要求，即 $\sigma_{AB} \leqslant [\sigma]_{拉}$，则

$$\sigma_{AB}=\frac{N}{A_{AB}} \leqslant [\sigma]_{拉}$$

$$A_{AB} \geqslant \frac{N}{[\sigma]_{拉}}$$

❖ **问题情境2**

是否可以进一步对的柱子进行优化，使其更经济合理？

$$A_{AB} \geqslant \frac{N}{[\sigma]_{拉}}$$

提示：通过上述计算可知，BC，CD，DE 段的工作应力小于材料的许用应力，要充分利用材料，可减小杆件的截面尺寸，使其工作应力接近许用应力，这个过程即对构件尺寸进行优化。可利用截面设计公式，求得截面最经济的尺寸。

3. 学习结果评价

学习结果评价见表 4-3-2。

表 4-3-2　学习结果评价

序号	评价内容	评价标准	评价结果
1	杆件强度校核	能判定杆件强度是否满足要求	是/否
2	杆件截面设计	能利用强度条件进行截面设计	是/否
3	杆件许可荷载	能利用强度条件计算许可荷载	是/否
是否可以进行下一步学习（是/否）			

📖 **课后作业**

1. 图 4-3-2 所示为正方形截面阶梯形砖柱。已知：材料的许用压应力 $[\sigma_c]=1.05$ MPa，

弹性模量 $E=3$ GPa，荷载 $F_p=60$ kN。试校核该柱的强度。

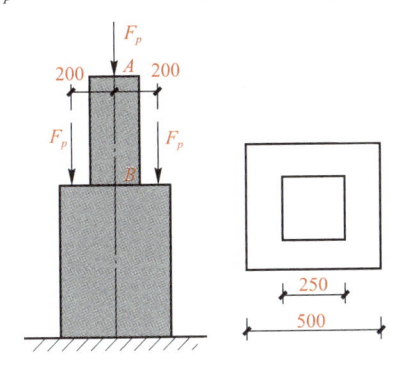

图 4-3-2　课后作业题 1 图

2. 欲制作图 4-3-3 所示一托架，已知托架需承受 $F=500$ kN 的重物，AC 与 BC 均采用圆钢杆，许用应力 $[\sigma]=160$ MPa。试选定钢杆直径 d。

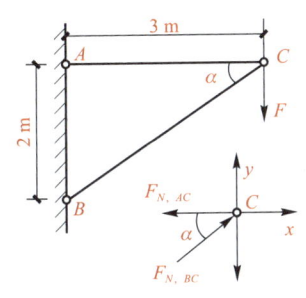

图 4-3-3　课后作业题 2 图

工作任务五　校核轴心受压柱的稳定性

职业能力1　能计算柱子的临界力

核心概念

压杆：受轴向压力的直杆称为压杆。

稳定性：压杆在轴向压力作用下保持其原有的平衡状态，称为压杆的稳定性。

失稳：在一定轴向压力作用下，细长直杆突然丧失其原有直线平衡状态的现象称为压杆丧失稳定性，简称失稳。

临界力：使压杆在微弯状态下保持平衡的最小的轴向压力，称为压杆的临界压力。

学习目标

(1)能理解受压杆件的稳定与失稳状态；
(2)能计算受压杆件的临界力。

基本知识

工作任务5 校核轴心受压柱的稳定性

■ 1.1　不同的平衡状态

下面以小球为例介绍平衡的状态。

1. 稳定平衡状态

如果小球受到微小干扰而稍微偏离它原有的平衡位置，当干扰消除以后，它能够回到原有的平衡位置，这种平衡状态称为稳定平衡状态，如图5-1-1(a)所示。

2. 不稳定平衡状态

如果小球受到微小干扰而稍微偏离它原有的平衡位置，当干扰消除以后，它不但不能回到原有的平衡位置，而且继续离去，那么原有的平衡状态称为不稳定平衡状态，如图 5-1-1(b) 所示。

图 5-1-1 平衡状态

1.2 压杆的稳定性

为了说明问题，取如图 5-1-2(a)所示的等直细长杆，在其两端施加轴向压力 F，使杆在直线状态下处于平衡，此时，如果给杆以微小的侧向干扰力，使杆发生微小的弯曲，然后撤去干扰力，则当杆承受的轴向压力数值不同时，其结果也截然不同。

当杆承受的轴向压力数值 F 小于某一数值 F_{cr} 时，在撤去干扰力以后，杆能自动恢复到原有的直线平衡状态而保持平衡，如图 5-1-2(a)、(b)所示，这种原有的直线平衡状态称为稳定平衡。

当杆承受的轴向压力数值 F 逐渐增大到某一数值 F_{cr} 时，即使撤去干扰力，杆仍然处于微弯形状，不能自动恢复到原有的直线平衡状态，如图 5-1-2(c)、(d)所示，则原有的直线平衡状态为不稳定平衡。

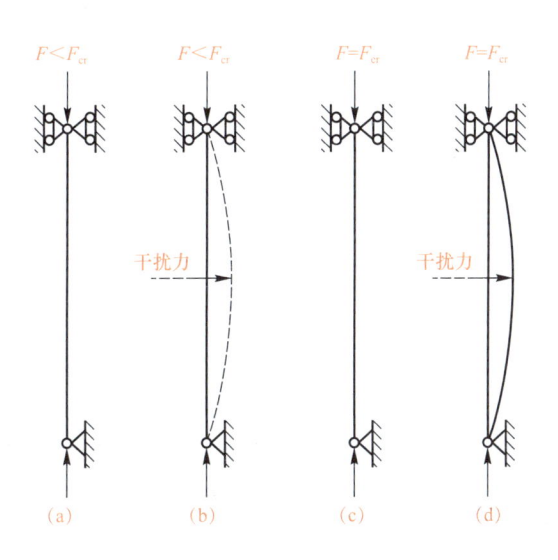

图 5-1-2 压杆的稳定性

如果力 F 继续增大，则杆继续弯曲，产生显著的变形，甚至发生突然破坏。

上述现象表明，在轴向压力 F 由小逐渐增大的过程中，压杆由稳定平衡转变为不稳定平衡，这种现象称为压杆丧失稳定性或压杆失稳。

1.3 压杆的临界力

压杆由直线状态稳定平衡过渡到不稳定平衡时所对应的轴向压力,称为压杆的临界压力或临界力,用 F_{cr} 表示。

1.4 细长压杆临界力计算公式——欧拉公式

设两端铰支长度为 l 的细长杆,根据杆件在小变形时的挠曲线方程、弯矩方程可得

$$F_{cr}=\frac{\pi^2 EI}{(\mu l)^2} \tag{5-1-1}$$

式中 μ——长度系数,与杆端的约束情况有关,不同杆端约束的长度系数见表 5-1-1;

μl——为压杆的计算长度,表示杆端约束条件不同的压杆计算长度 l 折算成两端铰支压杆的长度。

表 5-1-1 压杆长度系数

支承情况	两端铰支	一端固定,一端铰支	两端固定	一端固定,一端自由
μ 值	1.0	0.7	0.5	2
挠曲线形状				

式(5-1-1)即细长压杆的临界压力计算公式,称为欧拉公式。需要注意的是,欧拉公式是在材料服从胡克定律的条件下导出的,即在材料处于弹性阶段时适用。

应该注意的是,利用欧拉公式计算细长压杆临界力时,如果杆端在各个方向的约束情况相同(如球形铰等),则 I 应取最小的形心主惯性矩;如果杆端在不同方向的约束情况不同(如柱形铰等),则 I 应取挠曲线时横截面对其中性轴的惯性矩。

能力训练

1. 操作条件

如图 5-1-3 所示,已知教室的柱高为 3.4 m,截面形状为矩形,$b=300$ mm,$h=400$ mm,材料的弹性模量 $E=25$ GPa。试计算教室柱子的临界力。

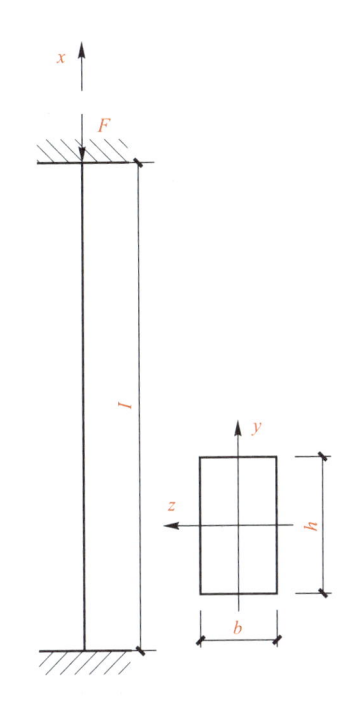

图 5-1-3 能力训练图

2. 操作过程

操作过程见表 5-1-2。

表 5-1-2 操作过程

序号	步骤	操作方法及说明	质量标准
1	计算截面的惯性矩	压杆会在弯曲刚度小的平面内先失稳，故应以最小惯性矩代入，即 $I=I_y=\dfrac{hb^3}{12}=\dfrac{400\times300^3}{12}=9\times10^8(\text{mm}^4)$	能找出刚度小的平面进行惯性矩计算
2	计算临界力	(1)查表 5-1-1，确定杆件的长度系数： $\mu=0.5$ (2)利用欧拉公式，计算临界力： $F_{cr}=\dfrac{\pi^2 EI}{(\mu l)^2}=\dfrac{\pi^2\times25\times10^3\times9\times10^8}{(0.5\times3.4\times10^3)^2}=76.76\times10^3(\text{kN})$	(1)能根据支座约束形式，确定杆件长度系数； (2)能利用欧拉公式进行受压柱子临界力的计算

❖ **问题情境 1**

如果将上述例题中柱子的约束改为下端固定端约束，上端无约束（自由端），试计算柱子的临界力并与上述临界力做比较，由此可得出什么结论？

提示：约束变化即 μ 发生变化。同一个受压杆件，约束越多，临界力越大，即越不容易发生失稳现象。

❖ **问题情境 2**

保证截面尺寸面积不变,将截面改成 $b=250$ mm,$h=480$ mm,其他条件都不变,试计算此截面对应的临界力并与上述临界力做比较,由此可得出什么结论?

提示:截面面积虽然没有变化,但尺寸发生改变后,截面的惯性矩 I 将发生变化,并导致临界力发生变化。可见在材料用量相同的条件下,选择恰当的截面形式可以增大细长压杆的临界力。

3. 学习结果评价

学习结果评价见表 5-1-3。

表 5-1-3　学习结果评价

序号	评价内容	评价标准	评价结果
1	轴向受压构件的临界力计算	能查表确定受压杆件的长度系数	是/否
		会计算受压构件的临界力	是/否
是否可以进行下一步学习(是/否)			

课后作业

1. 如图 5-1-4 所示,已知托架需承受 $F=1\,000$ kN 的重物,AC 与 BC 均采用圆钢杆($d=10$ mm),许用应力 $[\sigma]=160$ MPa,$E=200$ GPa,试判断托架中哪个杆件需要进行稳定性校核并计算其临界力。

2. 计算图 5-1-5 中 1 号柱的临界力。已知柱高为 3.8 m,柱子的截面尺寸为 250 mm×300 mm,材料弹性模量 $E=25$ GPa。提示:现浇混凝土柱上、下约束可视作固定端约束。

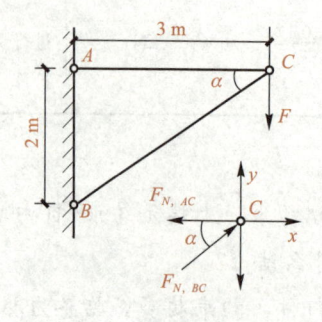

图 5-1-4　课后作业题 1 图

图 5-1-5　课后作业题 2 图

职业能力 2　能判定柱子的稳定性是否满足要求

核心概念

临界应力：临界应力与横截面正应力相似，将单位面积上的临界力称为临界应力，用 σ_{cr} 表示。

柔度：柔度是一个无量纲的量，用 λ 表示，它综合地反映了压杆的长度、截面的形状与尺寸及支承情况对临界力的影响。柔度值越大，则其临界应力越小，压杆越容易失稳。

学习目标

(1) 能判定杆件是否属于大柔度杆；
(2) 能依据强度稳定条件对杆件进行稳定性校核。

基本知识

2.1　临界应力

欧拉公式表明，当压杆在临界力 F_{cr} 作用下处于直线状态的平衡时，其横截面上的单位压应力等于临界力 F_{cr} 除以横截面面积 A，即 $\sigma_{cr} = \dfrac{F_{cr}}{A}$，把 σ_{cr} 称为临界应力，将公式做如下计算：

$$\sigma_{cr} = \frac{F_{cr}}{A} = \frac{\pi^2 EI}{(\mu l)^2 A} \tag{5-2-1}$$

令 $i = \sqrt{\dfrac{I}{A}}$，i 为惯性半径，则式 (5-2-1) 为

$$\sigma_{cr} = \frac{F_{cr}}{A} = \frac{\pi^2 EI}{(\mu l)^2 A} = \frac{\pi^2 E i^2}{(\mu l)^2} = \frac{\pi^2 E}{\left(\dfrac{\mu l}{i}\right)^2} \tag{5-2-2}$$

令 $\lambda = \dfrac{\mu l}{i}$，则式 (5-2-3) 可写成

$$\sigma_{cr} = \frac{F_{cr}}{A} = \frac{\pi^2 EI}{(\mu l)^2 A} = \frac{\pi^2 E i^2}{(\mu l)^2} = \frac{\pi^2 E}{\left(\dfrac{\mu l}{i}\right)^2} = \frac{\pi^2 E}{\lambda^2} \tag{5-2-3}$$

2.2 柔度

将上述公式中的 λ 称为压杆的柔度，或称为长细比。柔度 λ 是一个无量纲的量，其大小与压杆的长度系数 μ、杆长 l 及惯性半径 i 有关。由于压杆的长度系数 μ 取决于压杆的支承情况，惯性半径 i 取决于截面的形状与尺寸，所以，从物理意义上看，柔度 λ 综合地反映了压杆的长度、截面的形状与尺寸及支承情况对临界力的影响。从式(5-2-3)可以看出，压杆的柔度值越大，则其临界应力越小，压杆就越容易失稳。

2.3 欧拉公式的适用范围

欧拉公式是根据挠曲线近似微分方程导出的，而应用此微分方程时，材料必须服从胡克定理。因此，欧拉公式的适用范围应当是压杆的临界应力 σ_{cr} 不超过材料的比例极限 σ_p，即

$$\sigma_{cr} = \frac{\pi^2 E}{\lambda^2} \leqslant \sigma_P$$

有

$$\lambda \geqslant \pi \sqrt{\frac{E}{\sigma_p}} \tag{5-2-4}$$

若设 λ_p 为压杆的临界应力达到材料的比例极限 σ_p 时的柔度值，则

$$\lambda_p = \pi \sqrt{\frac{E}{\sigma_p}} \tag{5-2-5}$$

故欧拉公式的适用范围为

$$\lambda \geqslant \lambda_p \tag{5-2-6}$$

式(5-2-6)表明，当压杆的柔度不小于 λ_p 时，才可以应用欧拉公式计算临界力或临界应力。这类压杆称为大柔度杆或细长杆，欧拉公式只适用大柔度杆。

从式(5-2-5)可知，λ_p 的值取决于材料性质，不同的材料都有自己的 E 值和 σ_p 值，所以，不同材料制成的压杆，其 λ_p 也不同。如 Q235 钢，$\sigma_p = 200 \text{ MPa}$，$E = 200 \text{ GPa}$，由式(5-2-5)即可求得，$\lambda_p = 100$。

2.4 压杆稳定的实用计算

当压杆中的应力达到(或超过)其临界应力时，压杆会丧失稳定。因此，正常工作的压杆，其横截面上的应力应小于临界应力。

在工程中，为了保证压杆具有足够的稳定性，还必须考虑一定的安全储备，这就要求横截面上的应力不能超过压杆的临界应力的许用值 $[\sigma_{cr}]$，即

$$\sigma = \frac{F}{A} \leqslant [\sigma_{cr}] \tag{5-2-7}$$

式中 $[\sigma_{cr}]$——临界应力的许用值，其值为

$$[\sigma_{cr}]=\frac{\sigma_{cr}}{n_{st}} \tag{5-2-8}$$

式中 n_{st}——稳定安全系数。

稳定安全系数一般大于强度计算时的安全系数，这是因为在确定稳定安全系数时，除应遵循确定安全系数的一般原则外，还必须考虑实际压杆并非理想的轴向压杆这一情况。例如，在制造过程中，杆件不可避免地存在微小的弯曲（存在初曲率）；另外，外力的作用线也不可能绝对准确地与杆件的轴线相重合（存在初偏心）等，这些因素都应在稳定安全系数中加以考虑。

为了计算上的方便，将临界应力的许用值，写成下式：

$$[\sigma_{cr}]=\frac{\sigma_{cr}}{n_{st}}=\varphi[\sigma] \tag{5-2-9}$$

从式(5-2-9)可知，φ 值为

$$\varphi=\frac{\sigma_{cr}}{n_{st}[\sigma]} \tag{5-2-10}$$

式中 $[\sigma]$——强度计算时的许用应力；
φ——折减系数，其值小于1。

将式(5-2-7)代入式(5-2-9)，可得

$$\sigma=\frac{F}{A}\leqslant\varphi[\sigma]或\frac{F}{A\varphi}\leqslant[\sigma] \tag{5-2-11}$$

式(5-2-11)为压杆需要满足的稳定条件，其中折减系数 φ 可按 λ 的值直接从表5-2-1中查到。

表 5-2-1 折减系数表

λ	φ Q235 钢	φ 16锰钢	φ 木材	λ	φ Q235 钢	φ 16锰钢	φ 木材
0	1.000	1.000	1.000	110	0.536	0.386	0.248
10	0.995	0.993	0.991	120	0.446	0.325	0.208
20	0.981	0.973	0.932	130	0.401	0.279	0.178
30	0.958	0.940	0.883	140	0.349	0.242	0.53
40	0.927	0.895	0.822	150	0.306	0.213	0.133
50	0.888	0.840	0.751	160	0.272	0.188	0.117
60	0.842	0.776	0.668	170	0.243	0.168	0.104
70	0.789	0.705	0.575	180	0.218	0.151	0.093
80	0.731	0.627	0.470	190	0.197	0.136	0.083
90	0.669	0.546	0.370	200	0.180	0.124	0.075
100	0.604	0.462	0.300				

能力训练

1. 操作条件

已知某一轻钢结构的计算简图如图 5-2-1 所示，AC，BD 为 Q235 钢制成的 28a 工字钢，$A=59.954$ cm²，$E=200$ GPa，$[\sigma]=160$ MPa，$W_x=508$ cm³，$i_x=11.3$ cm，$i_y=2.5$ cm。试校核 BD 柱的稳定性。

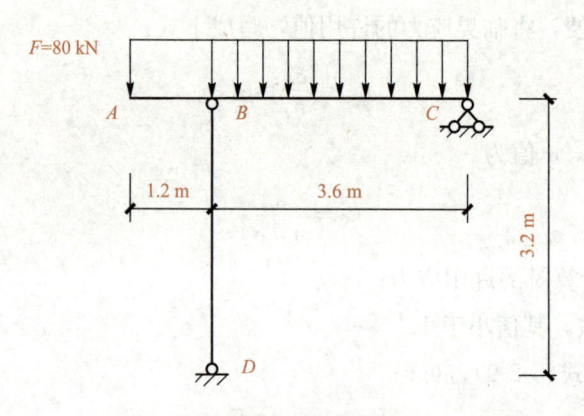

图 5-2-1　能力训练图

2. 操作过程

操作过程见表 5-2-2。

表 5-2-2　操作过程

序号	步骤	操作方法及说明	质量标准
1	求 BD 杆的轴力	(1)以梁 AC 作为研究对象，作受力图。 (2)整体平衡求杆件轴力 F_{BD}。 $\sum m_{C(F)}=0, F\times 4.8-F_{BD}\times 3.6+q\times 3.6\times 1.8=0$ $80\times 4.8-F_{BD}\times 3.6+15\times 3.6\times 1.8=0$ $F_{BD}=133.67$ kN (3)根据柱 BD 的受力状态可知，$N_{BD}=F_{BD}=133.67$ kN	能利用静力平衡，求柱子的轴力

续表

序号	步骤	操作方法及说明	质量标准
2	校核 BD 杆的稳定性	(1)计算 BD 杆的长细比 λ。 $$\lambda = \frac{\mu l}{i} = \frac{1 \times 3\,200}{2.5 \times 10} = 128$$ $\lambda > \lambda_p = 100$，故该杆件为大柔度杆，可用欧拉公式。 (2)计算 BD 杆的稳定系数 φ。 查表 5-2-1，利用线性内插法可得 $$\varphi = 0.446 - \frac{0.045}{10} \times 8 = 0.41$$ (3)计算 BD 杆的稳定性根据稳定条件 $\frac{F}{A\varphi} \leq [\sigma]$ 计算得 $$\frac{F_{BD}}{A\varphi} = \frac{133.67 \times 10^3}{59.954 \times 100 \times 0.41} = 5.44\,(\text{kN/m}^2) < [\sigma]$$ (4)结论：BD 杆件的稳定性满足要求	(1)能正确计算杆件的长细比 λ； (2)惯性矩应该取小的进行计算； (3)会查杆件的稳定系数，当表格中不能直接查到稳定系数时，会利用线性内插的方法求解

❖ **问题情境 1**

上题中利用稳定条件求得的 BD 杆件的应力远远小于 $[\sigma]$，试问如果将 BD 杆件换成直径 $d = 150$ mm 的圆木，$[\sigma] = 10$ MPa，其稳定性是否满足要求？

提示：杆件的惯性半径 $i = d/4$。

❖ **问题情境 2**

试判定上述轻钢结构是否安全(利用梁的强度条件)。

提示：该轻钢结构由梁 AC 及柱 BD 构成，故判定结构是否安全即判定梁与柱是否都安全。因为柱的稳定性已满足要求，所以还需要利用强度条件 $\sigma = \frac{M_{\max}}{I} y_{\max} \leq [\sigma]$ 判定梁 AC 的强度。梁的剪力图和弯矩图如图 5-2-2 所示。

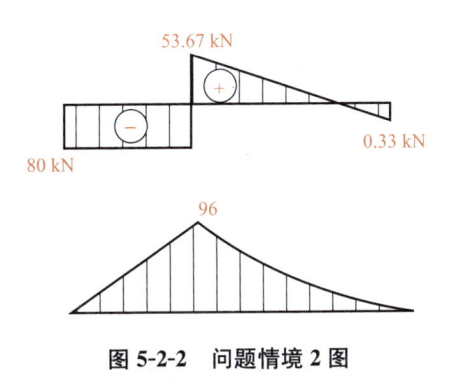

图 5-2-2　问题情境 2 图

3. 学习结果评价

学习结果评价见表 5-2-3。

表 5-2-3　学习结果评价

序号	评价内容	评价标准	评价结果
1	杆件的临界力计算	能判定欧拉公式的使用范围；能正确计算杆件的临界力	是/否
2	杆件的临界应力计算	能正确计算杆件的临界应力	是/否
3	杆件的稳定性校核	能利用稳定条件判定杆件稳定性是否满足要求	是/否
是否可以进行下一步学习(是/否)			

课后作业

如图 5-2-3 所示，支架在 C 端受大小为 20 kN 的 F 作用，BD 杆为正方形截面的木杆，其长度 $l=2$ m，截面边长 $a=0.1$ m，木材的许用应力 $[\sigma]=10$ MPa，试判定 BD 杆的稳定性是否满足要求。

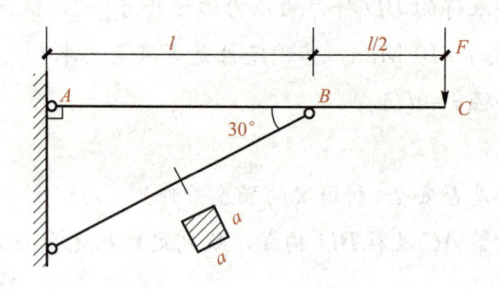

图 5-2-3　课后作业图

职业能力 3　能判定钢筋混凝土轴心受压柱是否安全

核心概念

钢筋混凝土受压构件：承受轴向压力的构件称为受压构件。一般房屋的钢筋混凝土受压构件是指柱子和桁架的受压腹杆。

轴心受压：轴向压力与构件轴线重合者（截面上只有轴心压力），称为轴心受压构件。

> 学习目标

(1)能知道钢筋混凝土轴心受压柱的构造要求；
(2)能判定钢筋混凝土轴心受压柱是否安全。

> 基本知识

3.1 钢筋混凝土轴心受压柱的构造要求

1. 材料

为了减小截面尺寸并节约钢材，钢筋混凝土柱宜采用强度等级较高的混凝土，一般不低于 C30，受压钢筋的级别不宜过高，一般采用 HRB400 级。

2. 构件截面

为了方便施工，钢筋混凝土柱一般采用矩形。从受力合理的角度考虑，轴心受压柱宜采用正方形。对于装配式单层厂房的预制柱，为了减轻自重，也会采用 I 形截面。

构件截面尺寸应能满足承载力、刚度、配筋率、建筑使用和经济等方面的要求，不能过小，也不宜过大，一般根据每层构件的高度、两端支承情况和荷载的大小来选用。矩形截面的宽度一般为 250~500 mm，截面高度一般为 400~800 mm。对于现浇的钢筋混凝土柱，由于混凝土自上灌下，为了避免造成灌注混凝土困难，截面最小尺寸宜不小于 250 mm。另外，考虑到模板的规格，柱截面尺寸宜取整数。在 800 mm 以下者，取 50 mm 的倍数；在 800 mm 以上者，取 100 mm 的倍数。

3. 纵向钢筋

纵向受力钢筋主要用来帮助混凝土承压，以减小截面尺寸；另外，也可增加构件的延性及抵抗偶然因素所产生的拉力。《混凝土结构设计规范(2015 年版)》(GB 50010—2010)(以下简称《混凝土规范》)规定的受压构件全部受力纵筋的最大配筋率为 5%，轴心受压常用的配筋率为 0.5%~2%。

轴心受压柱的受力纵筋原则上沿截面周边均对称布置，且每角需布置一根，故截面为矩形时，钢筋根数不得少于 4 根且为偶数。当截面为圆形时，纵筋宜沿周边均匀布置，根数不宜少于 8 根。为了保证混凝土的浇灌质量，钢筋的净距应不小于 50 mm。为了保证受力钢筋能在截面内正常发挥作用，受力钢筋的间距也不能过大，轴心受压柱中各边的纵向受力筋其中距不宜大于 30 mm，如图 5-3-1 所示。

为了能形成比较刚劲的骨架，并防止受压纵筋的侧向弯曲(外凸)，受压构件纵筋的直径宜大些，但过大也会造成钢筋加工、运输和绑扎的困难。在柱中，纵筋直径一般为 12~32 mm。

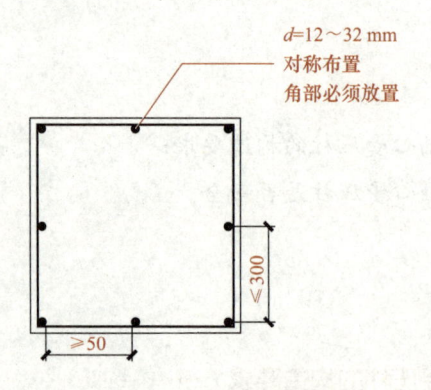

图 5-3-1 截面纵筋示意

4. 箍筋

在受压构件中配置箍筋的目的主要是约束受压纵筋，防止其受压后外凸；箍筋能与纵筋构成骨架；密排箍筋还有约束内部混凝土、提高其强度的作用。

箍筋一般采用搭接式箍筋（又称普通箍筋），特殊情况下采用焊接圆环式或螺旋式。当柱截面有内折角时，如图 5-3-2(a)所示，不可采用带内折角的箍筋，如图 5-3-2(b)所示。正确的箍筋形式如图 5-3-2(c)、(d)所示。

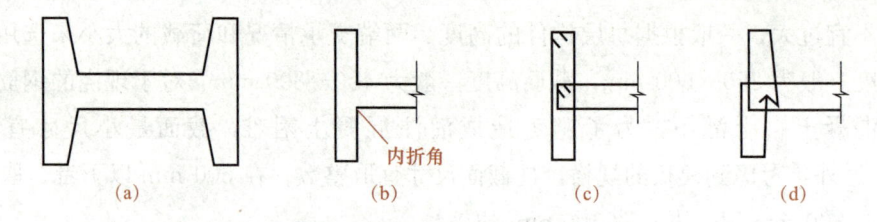

图 5-3-2 截面有内折角的箍筋

箍筋一般采用热轧钢筋，直径不应小于 6 mm，且不应小于 $d/4$，d 为纵向钢筋最大直径。箍筋的间距 s 不应大于 $15d$，同时不应大于 400 mm 和构件的短边尺寸。

3.2 钢筋混凝土轴心受压柱的计算

1. 受力特点

钢筋混凝土受压构件和其他材料的受压构件一样，存在纵向弯曲问题。理想的轴心受压构件实际上并不存在，由于实际制作出的构件轴线不可能是理想直线，压力作用线也不可能毫无偏差地与杆轴线重合；另外，材料的不均匀性也可能使构件的实际形心线变曲，因此在轴心受压构件的截面上也会存在一定的弯矩而使构件发生侧向弯曲，这就是所谓的纵向弯曲。纵向弯曲会使受压构件的承载力减小，其减小程度随构件的长细比的增大而增大。

根据纵向弯曲对构件承载力的减小是否可忽略不计，可将钢筋混凝土受压构件分为"短柱"和"长柱"两种。钢筋混凝土轴心受压构件，当其长细比满足以下要求时为短柱，见表 5-3-1，否则为长柱。

表 5-3-1 钢筋混凝土短柱

短柱	矩形截面	圆形截面	任意截面
	$l_0/b \leqslant 8$	$l_0/d \leqslant 7$	$l_0/i \leqslant 28$

l_0——构件的计算长度，$l_0 = \mu l$（μ 为长度系数）；
b——矩形截面的短边尺寸；
d——圆形截面的直径；
i——任意截面的最小惯性半径

试验表明，钢筋混凝土轴心受压短柱的纵向弯曲影响很小，可忽略不计。而纵向弯曲对长柱的影响不可忽略。其承载力小于条件完全相同的短柱。当构件长细比过大时会发生失稳破坏。《混凝土规范》采用稳定系数 φ 来反映长柱承载力的减小程度。短柱 $\varphi = 1$；长柱 $\varphi < 1$，并随构件的长细比的增大而减小，具体数值见表 5-3-2。

表 5-3-2 钢筋混凝土受压构件的稳定系数 φ

l_0/b	≤8	10	12	14	16	18	20	22	24	26	28
l_0/d	≤7	8.5	10.5	12	14	15.5	17	19	21	22.5	24
l_0/i	≤28	35	42	48	55	62	69	76	83	90	97
φ	1.00	0.98	0.95	0.92	0.87	0.81	0.75	0.70	0.65	0.60	0.56
l_0/b	30	32	34	36	38	40	42	44	46	48	50
l_0/d	26	28	29.5	31	33	34.5	36.5	38	40	41.5	43
l_0/i	104	111	118	125	132	139	146	153	160	167	174
φ	0.52	0.48	0.44	0.40	0.36	0.32	0.29	0.26	0.23	0.21	0.19

2. 正截面承载力计算公式

根据试验研究结果分析，《混凝土规范》采用以下计算公式：

$$N \leqslant N_u = 0.9\varphi(f_c A + f'_y A'_s) \tag{5-3-1}$$

式中 N——轴向力设计值；
N_u——柱子破坏时所能承受的轴向力，即柱子的极限承载力；

f_c——混凝土的轴心抗压强度设计值；

A——钢筋混凝土柱的截面面积；

f_y'——纵向受力钢筋的强度设计值；

A_s'——纵向受力钢筋的截面面积。

能力训练

1. 操作条件

图 5-3-3 所示为第二层钢筋混凝土轴心受压柱，假设截面尺寸 $b \times h = 250 \text{ mm} \times 250 \text{ mm}$，柱高 $H = 4.2 \text{ m}$，柱两端约束按固定铰支座，柱内纵筋配有 HRB400 级钢筋 6Φ16（$A_s' = 1\ 206 \text{ mm}^2$），混凝土强度等级为 C30。求该柱的极限承载力 N_u，并判断当该柱承受轴向压力设计值为 1 000 kN 时是否安全。

图 5-3-3　钢筋混凝土轴心受压柱

2. 操作过程

操作过程见表 5-3-3。

表 5-3-3 操作过程

序号	步骤	操作方法及说明	质量标准
1	查表，确定计算参数	(1)查表确定材料计算参数。C30 混凝土：$f_c=14.3$ N/mm²；HRB 400 级纵筋：$f_y'=360$ N/mm²。 (2)查表求柱子的计算长度。由于柱两端为固定端约束，故 $\mu=0.5$，$l_0=0.5\ H=0.5\times 4.2=2.1$(m)。 (3)计算长细比。查表求稳定系数 φ。 $l_0/b=2\ 100/250=8.4>8$，为长柱。 查表 5-3-2，得 $\varphi=0.99$	能正确查询附表，得到计算所需的各参数
2	计算柱子的极限承载力 N_u	利用公式，计算钢筋混凝土柱的极限承载力： $N_u=0.9\varphi(f_c A+f_y' A_s')$ $=0.9\times 0.99\times(14.3\times 250\times 250+360\times 1\ 206)=1\ 183$(kN)	会利用欧拉公式进行受压柱子临界力的计算
3	校核柱子是否安全	$N=1\ 200$ kN$>N_u=1\ 183$ kN 该柱子不安全	能对柱子是否安全进行判定

❖ **问题情境 1**

要保证上述柱子足够安全，请问可以通过什么方法来实现？是否可以通过增大纵筋截面面积来实现？增大多少最经济合理？

提示：要使柱子安全，则 $A_s'>\dfrac{\dfrac{N}{0.9\varphi}-f_c A}{f_y'}$，将各参数代入该不等式，可得到经济合理的纵向钢筋截面面积，然后根据钢筋截面面积表，选取合适的钢筋。

❖ **问题情境 2**

如果保持纵向钢筋不变，是否可以通过调整柱子截面尺寸保证柱子的安全性？

提示：可以，但是如果调整柱子截面尺寸，则长细比、稳定系数 φ 都将产生变化，需要重新计算。

3. 学习结果评价

学习结果评价见表 5-3-4。

表 5-3-4 学习结果评价

序号	评价内容	评价标准	评价结果
1	判定钢筋混凝土轴心受压柱是否安全	了解钢筋混凝土柱的构造	是/否
		能查表确定各个计算参数	是/否
		能判定柱子是否安全	是/否
	是否可以进行下一步学习(是/否)		

课后作业

某层钢筋混凝土轴向受压柱的截面尺寸为 300 mm×300 mm，混凝土强度等级为 C30，采用 HRB400 级纵筋，柱子的计算长度 l_0 为 4.8 m，柱子承受的压力设计值（含自重）为 1 400 kN。试根据计算及构造要求，为该柱子配纵向受力钢筋。

工作任务六　校核螺栓连接件的强度

职业能力1　能进行螺栓连接件的受力分析

核心概念

剪切破坏：钢板在拉力 P 作用下使铆钉的右上侧和左下侧受力，如图 6-1-1 所示，这时，铆钉的上、下两部分将发生水平方向的相互错动。当拉力很大时，铆钉将沿水平截面被剪断，这种破坏形式称为剪切破坏。

挤压变形：作用在钢板上的拉力通过钢板和铆钉的接触面传递给铆钉，如图 6-1-2 所示，钢板与铆钉的接触面面积小，却传递着很大的压力。这种在接触面上传递压力而产生局部变形的现象称为挤压变形。

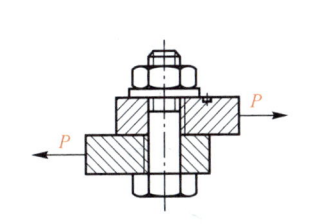

图 6-1-1　铆钉的剪切

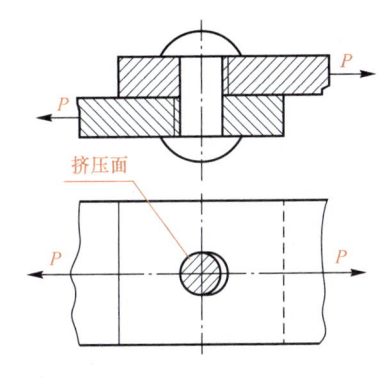

图 6-1-2　铆钉的挤压

学习目标

(1) 能辨别剪切破坏和挤压变形的形式；
(2) 能正确计算剪切面上的切应力；
(3) 能正确计算挤压面上的挤压应力。

工作任务 6
螺栓连接件的强度校核

基本知识

1.1 剪切的实用计算

假设螺杆剪切破坏时剪应力均匀分布，取螺栓为研究对象，其受力情况如图 6-1-3 所示。将螺杆分为上、下两部分，取其中一部分作为研究对象。根据静力平衡条件，在剪切面必然有一个与外力 F 大小相等、方向相反的内力存在，这个内力称为剪力，用 Q 表示。受剪面上的剪力是沿着截面作用的，因此，在截面上各点处均引起相应的剪应力。剪应力在剪应面上的分布是复杂的，工程上常以试验为基础的实用计算法来计算，即假设剪应力在剪切面上是均匀分布的，因此，剪应力的计算公式为

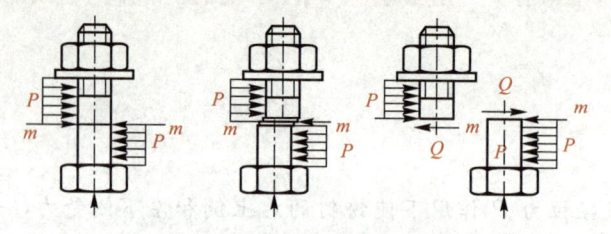

图 6-1-3 螺栓的剪切受力分析

$$\tau = \frac{Q}{A} \tag{6-1-1}$$

式中　Q——剪切面上的剪力（kN）；

A——剪切面积（mm²）。

1.2 挤压的实用计算

所谓挤压，是指构件局部面积的承压现象，如图 6-1-4 所示，在接触面上的压力记为 P_{jy}，即挤压力。挤压力是接触面上所有力的合力，这里假设挤压应力在有效挤压面上均匀分布。挤压面积为接触面在垂直于 P_{jy} 方向上的投影面的面积。

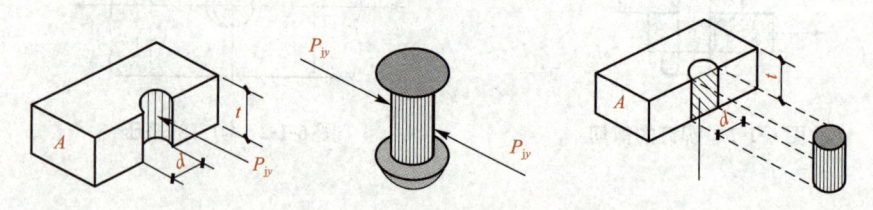

图 6-1-4 螺栓的挤压受力分析

$$\sigma_{jy} = \frac{P_{jy}}{A_{jy}} \tag{6-1-2}$$

式中　P_{jy}——挤压力（kN）；

A_{jy}——计算挤压面积，当接触面为平面时，计算挤压面积就是接触面的面积，当接触面为半圆柱面时，计算挤压面积应取圆柱体的直径平面(mm^2)。

能力训练

1. 操作条件

螺栓连接的两块钢板如图 6-1-5 所示，受力 $P=60$ kN，已知钢板厚度 $t=1$ cm，宽度 $b=8.5$ cm，铆钉的直径 $d=1.6$ cm。试求铆钉所受的剪应力、挤压应力及板的拉应力。

图 6-1-5　能力训练图

2. 操作过程

操作过程见表 6-1-1。

表 6-1-1　操作过程

序号	步骤	操作方法及说明	质量标准
1	对铆钉和钢板进行受力分析，绘制受力图	(1) 受力分析如下图所示。	(1) 能正确分析钢板的受力；(2) 能正确分析铆钉的受力
2	利用计算公式计算铆钉剪切截面和挤压截面的应力	(2) 铆钉剪应力和挤压应力计算： $$\sigma_{jy}=\frac{P_{jy}}{A_{jy}}=\frac{P}{td}=\frac{60\times 10^3}{10\times 16}=375(MPa)$$ $$\tau=\frac{Q}{A}=\frac{P}{\pi d^2/4}=\frac{60\times 10^3}{3.14\times 16^2/4}=298.57(MPa)$$	(1) 能正确分析铆钉所受剪力和铆钉剪切面积；(2) 能正确分析钢板所受挤压力和计算挤压面积
3	利用计算公式计算钢板的拉应力	(3) 钢板的截面 1-1 为危险面： $$\sigma_1=\frac{P}{t(b-d)}=\frac{60\times 10^3}{10\times(85-16)}=86.96(MPa)$$	判断钢板的危险截面，能正确分析危险截面的挤压力和计算挤压面积，得到钢板的挤压应力

❖ **问题情境 1**

若将上述连接的两块板改成三块板，如图 6-1-6 所示，其中中间板的是上、下两侧板厚度的一倍，问此时铆钉及板受到的应力与上述例题有何不同？

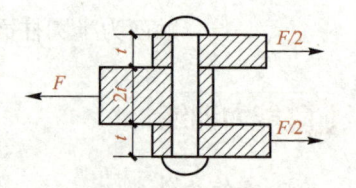

❖ **问题情境 2**

若将上述连接的两块板中间用 4 颗铆钉连接，如图 6-1-7 所示，其中中间板的是上、下两侧板厚度的 2 倍，问此时铆钉及板受到的应力与上述例题有何不同？

图 6-1-6　问题情境 1 图

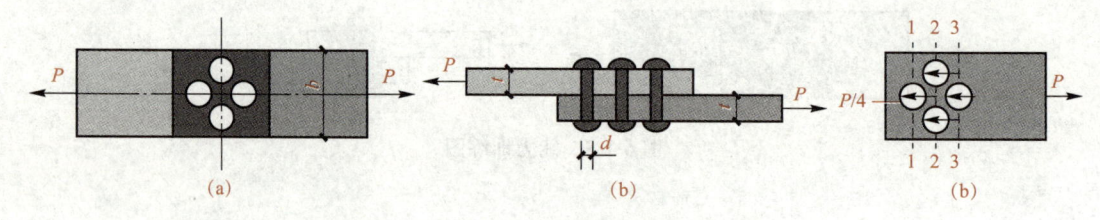

图 6-1-7　问题情境 2 图

提示：(1) 此时由 4 颗钉共同承受拉力 P 的作用，每颗钉所受的力是 $P/4$；(2) 如图 6-1-7(c) 所示，板的危险截面为截面 2—2 及 3—3。

3. 学习结果评价

学习结果评价见表 6-1-2。

表 6-1-2　学习结果评价

序号	评价内容	评价标准	评价结果
1	剪切破坏中切应力的计算	能对铆钉和钢板进行正确的受力分析	是/否
		能正确计算切应力	是/否
2	挤压变形中挤压应力的计算	能正确计算铆钉的挤压应力	是/否
		能正确计算钢板的挤压应力	是/否
是否可以进行下一步学习(是/否)			

📖 课后作业

如图 6-1-8 所示，木榫接头截面为正方形，承受轴向拉力 $F=10$ kN，已知木材的顺纹许用应力 $[\tau]=1$ MPa，$[\sigma_{bs}]=8$ MPa，截面边长 $b=114$ mm，试根据剪切与挤压强度确定尺寸 a 及 l。

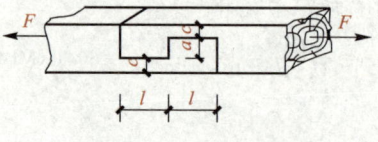

图 6-1-8　课后作业图

职业能力 2　能判断螺栓连接件的强度是否满足要求

核心概念

许用应力：工程中将极限应力除以大于 1 的安全因数作为构件工作应力的最高限度，这个工作应力的最高限度称为许用应力，用 $[\sigma]$ 表示。

学习目标

(1) 能辨别剪切破坏和挤压变形的形式；
(2) 能正确判断连接件剪切应力的强度是否满足要求；
(3) 能正确判断连接件挤压应力的强度是否满足要求。

基本知识

2.1　剪切强度的条件

为了保证构件的连接部分不发生剪切破坏，连接件的工作切应力不超过材料的许用切应力，即工作剪应力≤材料的许用剪应力。

$$\tau = \frac{Q}{A} \leqslant [\tau] \tag{6-2-1}$$

式中　$[\tau]$——材料的许用剪应力（MPa）。

式(6-2-1)是剪切强度的条件，许用切应力 $[\tau]$ 可从有关手册中查得。

工程中，常用材料的许用剪应力可从规范中查到，也可用下面的经验公式确定：

脆性材料：$[\tau]=(0.6-0.8)[\delta]$；塑性材料：$[\tau]=(0.8-1.0)[\delta]$

式中　$[\delta]$——材料的许用拉应力。

2.2　挤压强度的条件

挤压强度条件（准则）：工作挤压应力不得超过材料的许用挤压应力，即工作挤压应力≤许用挤压应力，也即

$$\sigma_{jy} = \frac{P_{jy}}{A_{jy}} \leqslant [\sigma_{jy}] \tag{6-2-2}$$

式中　$[\sigma_{jy}]$——许用挤压应力，可从有关手册中查得。

能力训练

1. 操作条件

试校核图 6-2-1 中铆钉连接的强度。图中的钢板和铆钉的材料相同,已知许用应力 $[\sigma]=160$ MPa,$[\tau]=140$ MPa,$[\sigma_{jy}]=320$ MPa,铆钉直径 $d=16$ mm,$F=52$ kN。

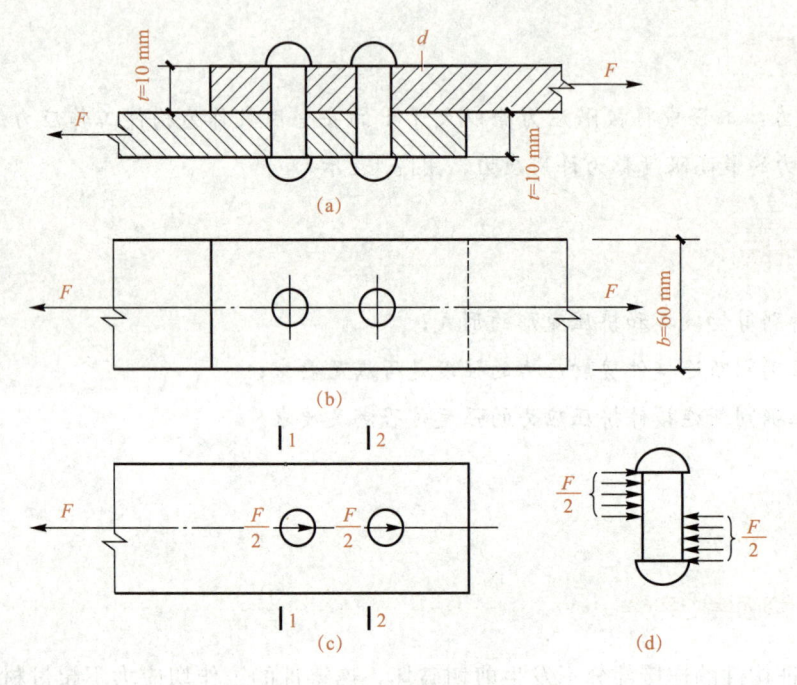

图 6-2-1 能力训练图

2. 操作过程

操作过程见表 6-2-1。

表 6-2-1 操作过程

序号	步骤	操作方法及说明	质量标准
1	校核铆钉的剪切强度	连接部位的各铆钉剪切变形相同,承受的剪力也相同,因此拉力平均分配在每个铆钉上,每个铆钉受到的作用力为 $P/2$。 $$\tau=\frac{Q}{A}=\frac{\frac{F}{2}}{\frac{\pi d^2}{4}}=\frac{26\times 10^3}{\frac{\pi\times 16^2}{4}}=129.38\ (\text{MPa})<[\tau]$$	(1)能正确分析铆钉的受力; (2)能正确分析铆钉所受剪力和铆钉剪切面积; (3)能判断铆钉的剪切强度是否满足要求

续表

序号	步骤	操作方法及说明	质量标准
2	校核挤压强度	每个铆钉受到的挤压力为 $$F_{jy}=\frac{F}{2}=26 \text{ kN}$$ 计算挤压面积为 $$A_{jy}=d \cdot t=16 \times 10=160 \text{ (mm}^2\text{)}$$ 挤压应力为 $$\sigma_{jy}=\frac{F_{jy}}{A_{jy}}=\frac{26 \times 10^3}{160}=162.5 \text{ (MPa)}<[\sigma_{jy}]$$	(1)能正确分析钢板所受挤压力和计算挤压面积；(2)能判断铆钉连接满足挤压强度要求
3	校核钢板的抗拉强度	钢板上有铆钉孔，削弱了钢板的截面，因此需要作抗拉强度验算。钢板截面1-1的轴力 $N_1=F$，截面2-2的轴力 $N_2=\frac{F}{2}$，以上两截面的面积相等，可见截面1-1是危险截面，需作抗拉强度验算。 $$\sigma_1=\frac{N_1}{(b-d)t}=\frac{52 \times 10^3}{(60-16)\times 10}=118.18 \text{ (MPa)}<[\sigma]$$	能判断钢板的危险截面，能正确分析危险截面的挤压力和计算挤压面积，得到钢板的挤压应力
4	校核	接头安全	能根据计算结果，判断整个连接是否均满足要求

❖ **问题情境**

通过上述分析可知，该连接件是安全的。进一步思考，如果可以减小开孔孔径大小，请问为了保证连接件的安全，最小孔径应该取多少？(数量不变，依旧为两个孔)如果可以增大开孔孔径，请问为了保证连接件的安全，最大孔径应该取多少？

提示：(1)开孔孔径越小，对板的削弱越小，因此，当减小孔径直径时，钢板的抗拉强度不用校核，只需保证 $A \geqslant \dfrac{Q}{[\tau]}$ 及 $A \geqslant \dfrac{F_{jy}}{[\sigma]_{jy}}$ 就可以了。

(2)开孔孔径越大，铆钉承受的剪应力及挤压应力越小，因此，当增大孔径直径时，铆钉的剪切强度及挤压强度不用校核，只需保证钢板的抗拉强度满足要求就可以了。

3. 学习结果评价

学习结果评价见表6-2-2。

表 6-2-2　学习结果评价

序号	评价内容	评价标准	评价结果
1	剪切破坏中切应力强度计算	能对铆钉和钢板进行正确的受力分析	是/否
		能正确计算切应力强度	是/否
2	挤压变形中挤压应力强度计算	能正确计算铆钉的挤压应力强度	是/否
		能正确计算钢板的挤压应力强度	是/否
是否可以进行下一步学习(是/否)			

课后作业

如图 6-2-2 所示，拉杆头部的许用切应力 $[\tau]=90$ MPa，许用挤压应力 $[\sigma_{jy}]=240$ MPa，许用拉应力 $[\sigma_t]=120$ MPa，试计算拉杆的许用拉力 $[F]$。

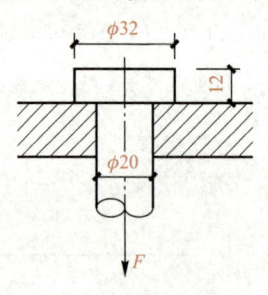

图 6-2-2　课后作业图

工作任务七　校核桁架各杆的强度

职业能力1　能判定零杆

核心概念

桁架结构：若干直杆在两端铰接组成的静定结构。
零杆：桁架中内力为零的杆件。

学习目标

(1)能描述桁架的特点；
(2)能判定桁架中的零杆。

工作任务7
校核桁架各杆的强度

基本知识

■ 1.1　桁架

桁架结构是指若干直杆在两端铰接组成的静定结构。这种结构形式在桥梁和房屋建筑中应用较为广泛，如南京长江大桥、钢木屋架等。桁架结构在建筑、市政工程中的应用如图7-1-1所示。

实际的桁架结构形式和各杆件之间的连接及所用的材料是多种多样的，实际受力情况很复杂，对它们进行精确的分析是困难的。但对桁架的实际工作情况和对桁架进行结构试验的结果表明，大多数常用桁架由比较细长的杆件所组成，而且承受的荷载大多数是通过其他杆件传递到结点上，这就使桁架结点的刚性对杆件内力的影响可以大大减小，接近铰的作用，结构中的所有杆件在荷载作用下，主要承受轴向力，而弯矩和剪力很小，可以忽略不计。因此，为了简化计算，在取桁架的计算简图时，做如下三个方面的假定。

图 7-1-1　桁架结构在建筑、市政工程中应用

(1)桁架的结点都是光滑的铰结点。
(2)各杆的轴线都是直线并通过铰的中心。
(3)荷载和支座反力都作用在铰结点上。
通常把符合上述假定条件的桁架称为理想桁架。

1.2　桁架的受力特点

为了方便计算,通常会把桁架假定为理想桁架,因此,桁架的杆件只在两端受力,桁架中的所有杆件均为二力杆。在杆的截面上只有轴力。

1.3　桁架的分类

(1)简单桁架:由基础或一个基本铰接三角形开始,逐次增加二元体所组成的几何不变体,如图 7-1-2 所示。

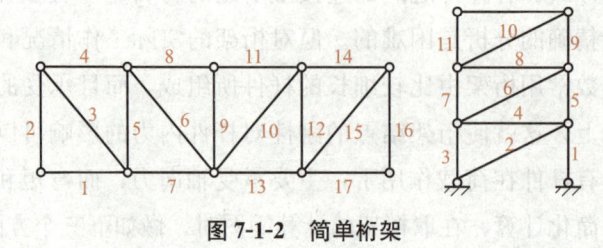

图 7-1-2　简单桁架

(2)联合桁架：由几个简单桁架联合组成的几何不变的铰接体系，如图 7-1-3 所示。

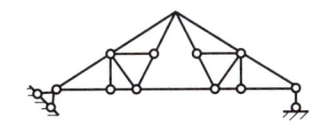

图 7-1-3　联合桁架

(3)复杂桁架：不属于前两类的桁架，如图 7-1-4 所示。

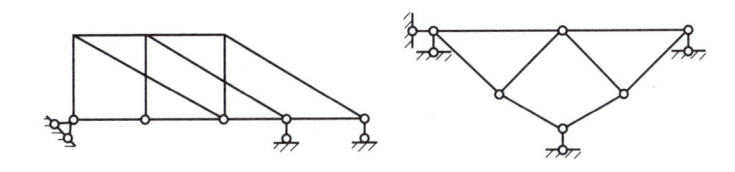

图 7-1-4　复杂桁架

1.4　零杆

仔细观察图 7-1-5，可发现图中的几种情况较特殊，利用平衡条件可使计算简化。

(1)不共线的两杆结点，当结点上无荷载作用时，两杆内力为零，如图 7-1-5(a)所示，则 $F_1=F_2=0$。

(2)由三杆构成的 T 形结点，当有两杆共线且结点上无荷载作用时，如图 7-1-5(b)所示，不共线的第三杆内力必为零，共线的两杆内力相等，符号相同，即 $F_1=F_2$，$F_3=0$。

(3)由四根杆件构成的 K 形结点，其中两杆共线，另两杆在此直线的同侧且夹角相同，如图 7-1-5(c)所示，当结点上无荷载作用时，不共线的两杆内力相等，符号相反，即 $F_3=-F_4$。

(4)由四根杆件构成的 X 形结点，各杆两两共线，如图 7-1-5(d)所示，当结点上无荷载作用时，共线杆件的内力相等，且符号相同，即 $F_1=F_2$，$F_3=F_4$。

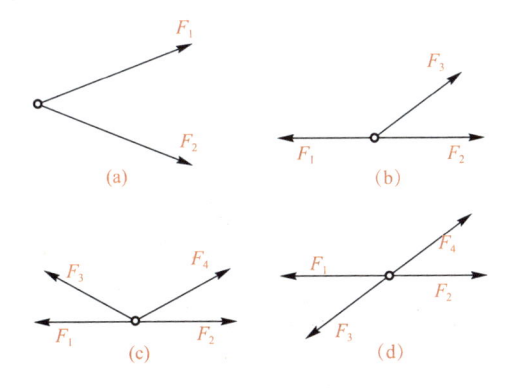

图 7-1-5　零杆

(5)对称桁架在对称荷载作用下,对称杆件的轴力是相等的,即大小相等,拉压相同;在反对称荷载作用下,对称杆件的轴力是反对称的,即大小相等,拉压相反。

能力训练

1. 操作条件

已知一桁架结构如图 7-1-6 所示,试分析该桁架中有几个零杆。

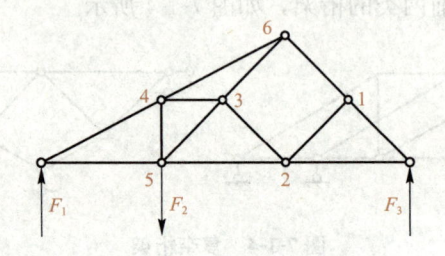

图 7-1-6 能力训练图

2. 操作过程

操作过程见表 7-1-1。

表 7-1-1 操作过程

序号	步骤	操作方法及说明	质量标准
1	根据结点特点找零杆	(1)1 结点。1 结点为 T 形结点,且无外荷载作用,因此杆 1-2 为零杆 (2)2 结点。2 结点为 K 形结点,由于杆 1-2 为零杆,因此 2 结点可看作 T 形结点,且无外荷载作用,因此杆 2-3 为零杆	能正确找出零杆

续表

序号	步骤	操作方法及说明	质量标准
1	根据结点特点找零杆	(3)3 节点。3 结点为 X 形节点，由于杆 2-3 为零杆，因此 3 结点可看作 T 形结点，且无外荷载作用，因此杆 3-4 为零杆 (4)4 结点。4 结点为 K 形结点，由于杆 3-4 为零杆，因此 4 结点可看作 T 形结点，且无外荷载作用，因此杆 4-5 为零杆	能正确找出零杆

❖ **问题情境 1**

当杆 4-5 为零杆时，请问能不能将 5 结点看成 T 形结点，而判定杆 3-5 为零杆？

提示：注意结点处是否有荷载。

❖ **问题情境 2**

既然是零杆，即在桁架结构中不受力，那能不能从中去除这些零杆？为什么？

3. 学习结果评价

学习结果评价见表 7-1-2。

表 7-1-2　学习结果评价

序号	评价内容	评价标准	评价结果
1	零杆的判别	能判定桁架中的零杆	是/否
是否可以进行下一步学习(是/否)			

📖 **课后作业**

判断图 7-1-7 所示桁架中的零杆。

图 7-1-7　课后作业图

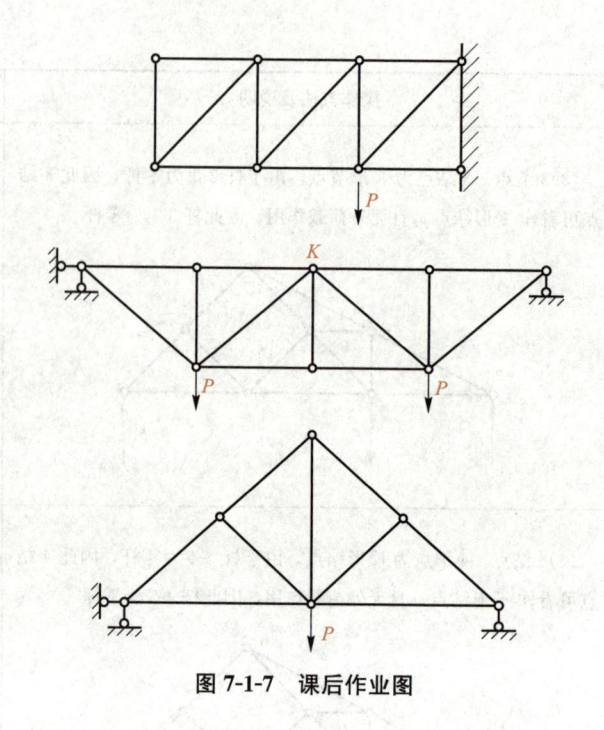

职业能力 2　校核桁架各杆的强度

🎯 核心概念

结点法：截取桁架的一个结点作为隔离体来计算桁架内力的方法。

截面法：在求解杆件内力时，用适当的截面，截取桁架的一部分（至少包括两个结点）为隔离体，利用平面任意力系的平衡条件进行求解的方法。

⚙ 学习目标

(1) 能用节点法计算桁架的内力；
(2) 能用截面法计算桁架的内力；
(3) 能对杆件进行强度校核。

📖 基本知识

■ **2.1　内力计算的方法**

桁架结构的内力计算方法主要有结点法、截面法及联合法三种。

结点法适用于简单桁架的计算；截面法适用于联合桁架、简单桁架中少数杆件的计算；当解决一些复杂的桁架时，单独应用结点法或截面法往往不能求解结构的内力，这时需要将这两种方法进行联合应用，从而进行解题，这就是联合法。

在具体计算时，规定内力符号以杆件受拉为正，受压为负。结点隔离体上拉力的指向是离开结点，压力指向是指向结点。对于方向已知的内力应该按照实际方向画出，对于方向未知的内力，通常假设为拉力，如果计算结果为负值，则说明此内力为压力。

如有零杆，先将零杆判断出来，再计算其余杆件的内力，以减少运算工作量，简化计算。

2.2 结点法

所谓结点法，就是截取桁架的一个结点作为隔离体来计算桁架内力的方法。

结点上的荷载、支座反力和杆件轴力作用线都汇交于一点，组成了平面汇交力系，因此，结点法是利用平面汇交力系来求解内力的，从只有两个未知力的结点开始，按照组成简单桁架的次序相反的顺序，逐个截取结点，可求出全部杆件轴力。

结点单杆：如果同一结点的所有内力为未知的各杆中，除某一杆外，其余各杆都共线，则该杆称为结点单杆，如图 7-1-5(a)、(b)所示。

结点单杆具有如下性质。

(1)结点单杆的内力，可以由该结点的平衡条件直接求出。

(2)当结点单杆上无荷载作用时，单杆的内力必为零。

(3)如果依靠拆除单杆的方法可以将整个桁架拆除完成，则此桁架可以应用结点法将各杆的内力求出，计算顺序应为拆除单杆的顺序。

2.3 截面法

用结点法求解桁架内力时，是按照一定顺序逐个结点计算，这种方法的前后计算结果互相影响。当桁架结点数目较多，而问题又只要求求解桁架的某几根杆件的内力时，用结点法就显得烦琐，可采用另一种方法——截面法。

所谓截面法，是指在求解杆件内力时，用适当的截面，截取桁架的一部分(至少包括两个结点)为隔离体，利用平面任意力系的平衡条件进行求解的方法。

需要注意的是，截面法适用于指定杆件内力的求解，隔离体上的未知力一般不超过三个。在计算中，未知轴力也一般假设为拉力。

为了避免联立方程求解，要注意选择平衡方程，每一个平衡方程一般包含一个未知力。

能力训练

1. 操作条件

如图 7-2-1 所示，已知桁架所有杆件的$[\sigma]=160$ MPa，所有杆件直径 $d=24$ mm，试校核桁架中各杆件的强度。

图 7-2-1 能力训练图

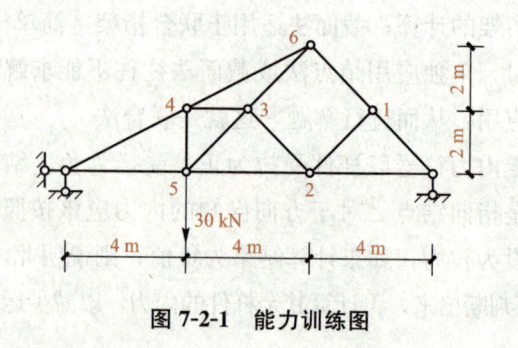

2. 操作过程

操作过程见表 7-2-1。

表 7-2-1 操作过程

序号	步骤	操作方法及说明	质量标准
1	求支座反力	(1)作受力图。 (2)对支座 A 及 B 点求力矩，列平衡方程： $$\sum m_{A(F)} = 0 - 30 \times 4 + F_B \times 12 = 0$$ $$\sum m_{B(F)} = 0 - F_A \times 12 + 30 \times 8 = 0$$ (3)解方程得 $F_A = 20$ kN，$F_B = 10$ kN	(1)能正确绘制受力图； (2)能正确计算支座反力
2	利用结点法计算桁架结构中各杆轴力	(1)从结点 A 开始，依次计算结点 (A, B)，1，$(2, 6)$，$(3, 4)$，5。 (2)结点 A，隔离体如下图所示 $N_{A4} \times \dfrac{2}{2\sqrt{5}} + 20 = 0$，$N_{A4} = -44.7$ kN(压) $N_{A4} \times \dfrac{4}{2\sqrt{5}} + N_{A5} = 0$，$N_{A5} = 40$ kN(拉)	(1)能正确绘制结点受力图； (2)能正确计算结点连接处杆件的内力

续表

序号	步骤	操作方法及说明	质量标准
2	利用结点法计算桁架结构中各杆轴力	(3)结点 B，隔离体如下图所示。 $N_{B1} \times \frac{\sqrt{2}}{2} + 10 = 0$，$N_{B1} = -14.1$ kN(压) $N_{B1} \times \frac{\sqrt{2}}{2} + N_{B2} = 0$，$N_{B2} = 10$ kN(拉) (4)同理依次计算 1，(2，6)，(3，4)，5 各结点，就可以求得全部杆件轴力，杆件内力可在桁架结构上直接注明，如下图所示	(1)能正确绘制结点受力图； (2)能正确计算结点连接处杆件的内力
3	校核杆件强度	(1)根据求得的内力找出桁架中杆件受到的最大内力为 44.7 kN，即 A4，4-6 为危险杆件。 (2)利用强度条件进行强度校核。 $$\sigma = \frac{N}{A} = \frac{44.7 \times 10^3}{\frac{1}{4}\pi \times 24^2} = 98.86 \text{ (MPa)} < [\sigma]$$ 强度满足要求	(1)能正确计算杆件应力； (2)能利用强度条件判定杆件是否安全

❖ **问题情境 1**

利用前面所总结的零杆判断方法，在计算桁架内力之前，能否先进行零杆的判断？

提示：先判定零杆后上述结构变为图 7-2-2 所示的图形，可大大减少运算量。

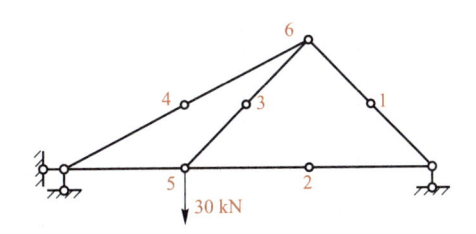

图 7-2-2 问题情境 1 图

❖ **问题情境 2**

根据强度计算，轴力最大的杆件，其应力远没达到许用应力，这是否意味着桁架中的杆件截面设计过大，造成材料浪费？如果是，请问桁架中杆件最小的直径可取多少？（假设所有杆件取相同尺寸）

能力训练 2

1. 操作条件

如图 7-2-3 所示，已知桁架 1，2，3 杆件的 $[\sigma]=160$ MPa，所有杆件直径 $d=24$ mm，试校核桁架中 1，2，3 杆的强度。

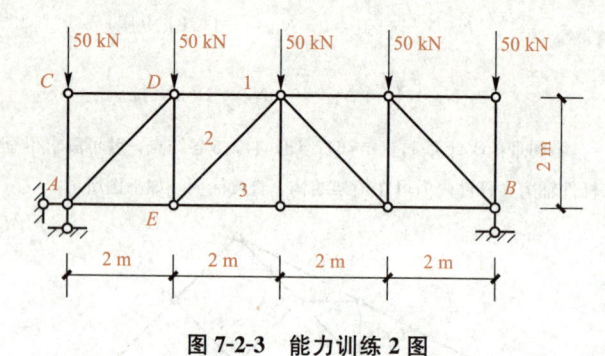

图 7-2-3　能力训练 2 图

2. 操作过程

操作过程见表 7-2-2。

表 7-2-2　操作过程

序号	步骤	操作方法及说明	质量标准
1	求支座反力	(1)作受力图； (2)利用对称可知，$F_A=F_B=125$ kN	(1)能正确绘制受力图； (2)能正确计算支座反力
2	利用截面法计算桁架结构中各杆轴力	(1)将桁架沿杆 1-1 截开，选取左半部分为研究对象，截开杆件处用轴力代替；	

续表

序号	步骤	操作方法及说明	质量标准
2	利用截面法计算桁架结构中各杆轴力	(2)列平衡方程： $\sum m_{E(F)} = 0, N_1 \times 2 + 125 \times 2 - 50 \times 2 = 0$ $\sum F_y = 0, N_2 \times \frac{\sqrt{2}}{2} + 125 - 50 - 50 = 0$ $\sum F_x = 0, N_1 + N_2 \times \frac{\sqrt{2}}{2} + N_3 = 0$ 即可解得：$N_1 = -75$ kN $N_2 = -35.4$ kN $N_3 = 100$ kN	(1)能正确绘制截面受力图； (2)能正确计算杆件的内力
3	校核杆件强度	(1)根据求得的内力可知，3杆所受的内力最大，为100 kN，所以3杆为危险杆件。 (2)利用强度条件进行强度校核。 $\sigma = \frac{N}{A} = \frac{100 \times 10^3}{\frac{1}{4}\pi \times 24^2} = 221.16 \text{(MPa)} > [\sigma]$ 强度不满足要求。 (3)验算1杆。 $\sigma = \frac{N}{A} = \frac{75 \times 10^3}{\frac{1}{4}\pi \times 24^2} = 165.87 \text{(MPa)} > [\sigma]$ 强度也不满足要求。 (4)进一步验算2杆。 $\sigma = \frac{N}{A} = \frac{35.4 \times 10^3}{\frac{1}{4}\pi \times 24^2} = 78.29 \text{(MPa)} < [\sigma]$ 强度满足要求	(1)能正确计算杆件应力； (2)能利用强度条件判定杆件是否安全

❖ **问题情境**

如上所述，桁架中的杆1，3不满足强度要求，请重新为杆1，3选择管径，以满足强度要求。

提示：将强度条件转化成 $A \geqslant \dfrac{N}{[\sigma]}$ 进行计算。

3. 学习结果评价

学习结果评价见表7-2-3。

表7-2-3 学习结果评价

序号	评价内容	评价标准	评价结果
1	桁架中各杆的内力计算	能正确计算杆件内力	是/否
2	桁架中各杆的强度校核	能校核杆件的强度	是/否
	是否可以进行下一步学习(是/否)		

课后作业

1. 试用结点法求图 7-2-4 所示桁架结构各杆的内力。

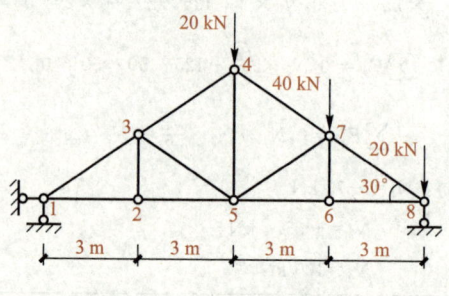

图 7-2-4　课后作业题 1 图

2. 试用截面法求解图 7-2-5 所示桁架中指定杆件 1，2，3 的内力。

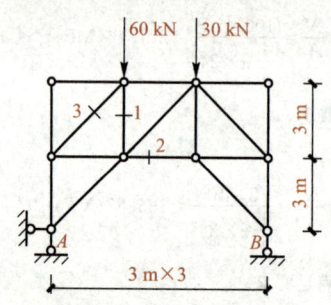

图 7-2-5　课后作业题 2 图

自我检测

1 静力学基本知识

1. 试画出以下各题中圆柱或圆盘的受力图。与其他物体接触处的摩擦力均略去。

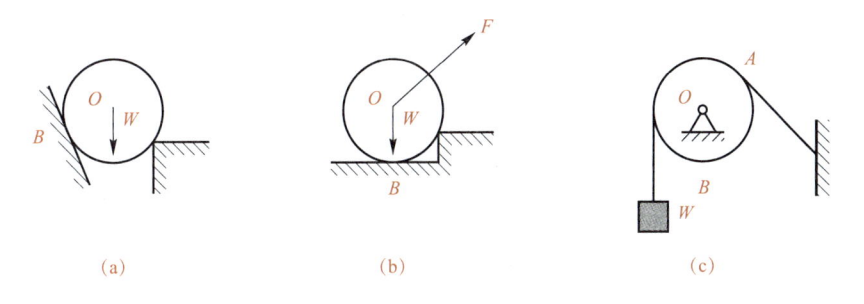

(a)   (b)   (c)

2. 试画出以下各题中杆 AB 的受力图。

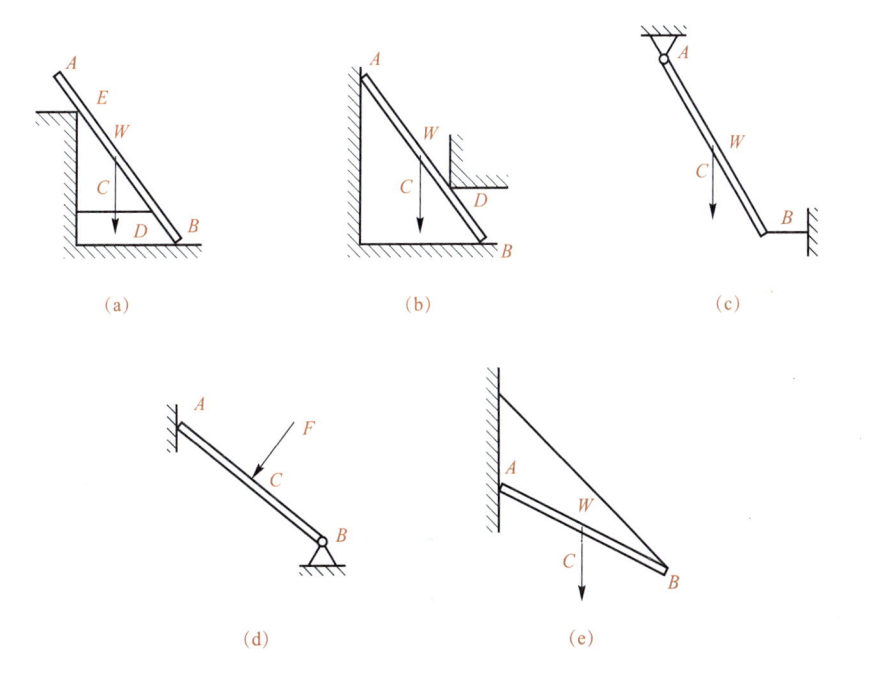

(a)   (b)   (c)

(d)   (e)

3. 试画出以下各题中梁 AB 的受力图。

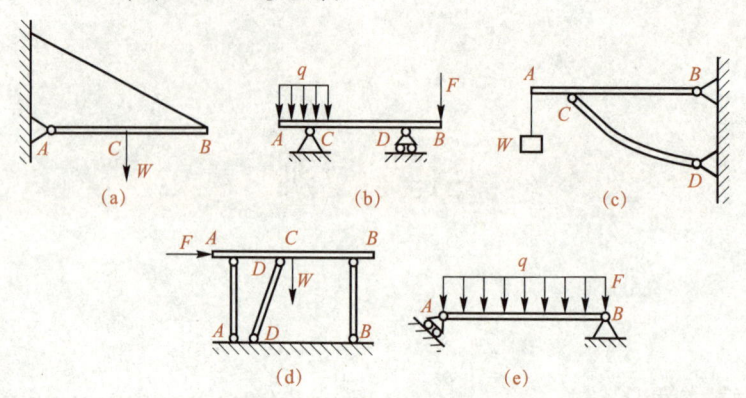

(a) (b) (c) (d) (e)

4. 已知力 $F=2$ kN, $a=1$ m, $l=3$ m。

求：(1)此力对 O 点之矩。

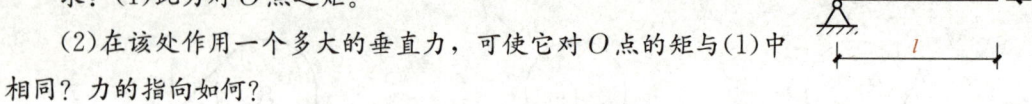

(2)在该处作用一个多大的垂直力，可使它对 O 点的矩与(1)中相同？力的指向如何？

(3)要得到与(1)中同样的力矩，求在该处施加的最小的力。

5. 已知 $F_1=150$ N, $F_2=200$ N, $F_3=300$ N, $F=F'=200$ N, 求力系向点 O 简化的结果，合力的大小及到原点 O 的距离。

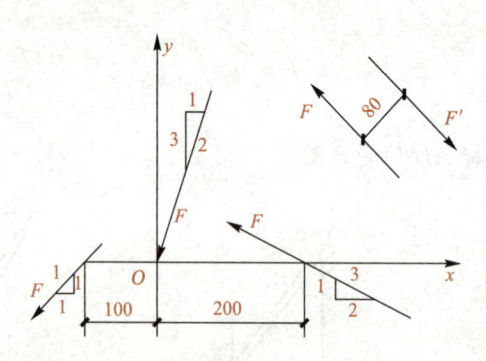

6. 如下图所示，匀速起吊重为 P 的预制梁，如果要求绳索 AB, BC 的拉力不超过 $0.6P$，问 α 角应在什么范围内？

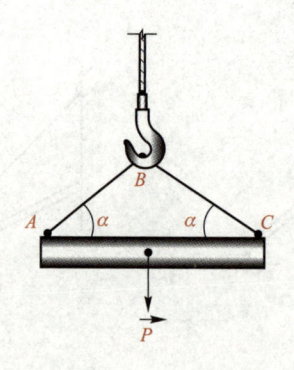

7. 求图示各物体的支座约束力，长度单位为 m。

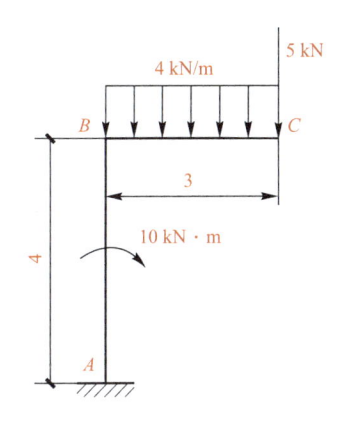

8. 求图示多跨静定梁的支座约束力。

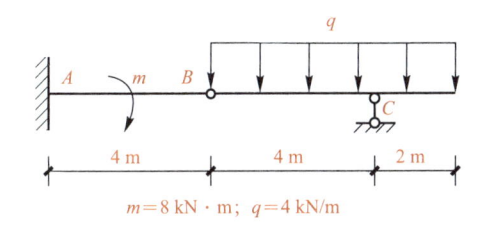

$m = 8$ kN·m；$q = 4$ kN/m

9. 三铰拱结构受力及几何尺寸如图所示，试求支座 A，B 处的约束力。

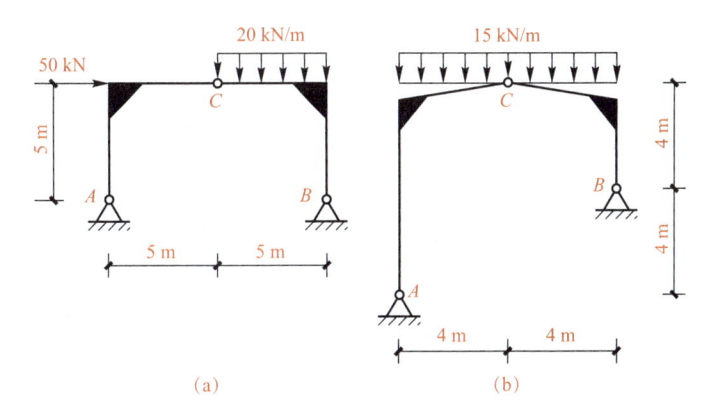

(a)   (b)

■ 2　校核梁的强度

1. 求下列各梁指定截面上的剪力 F_Q 和弯矩 M。

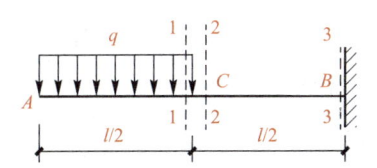

2. 试列出下列各梁的剪力方程和弯矩方程，并作出剪力图和弯矩图。

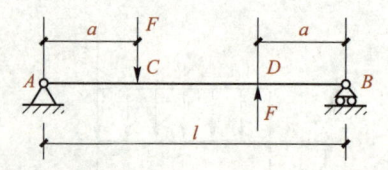

3. 作下列各梁的剪力图和弯矩图。

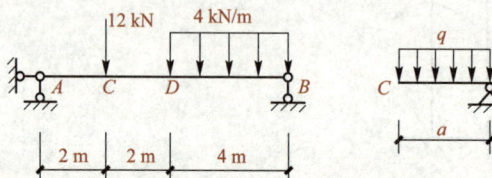

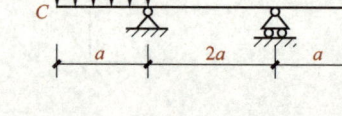

4. 用叠加法作以下列各梁的弯矩图，并求出 $|M|_{max}$。

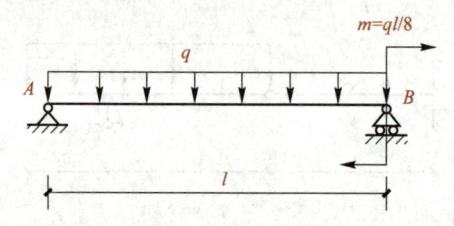

5. 求图中平面图形对 y，z 轴的惯性矩 I_y，I_z。

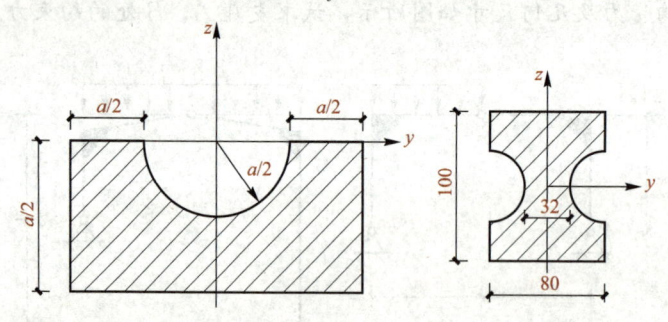

6. 计算下图的形心和惯性矩。

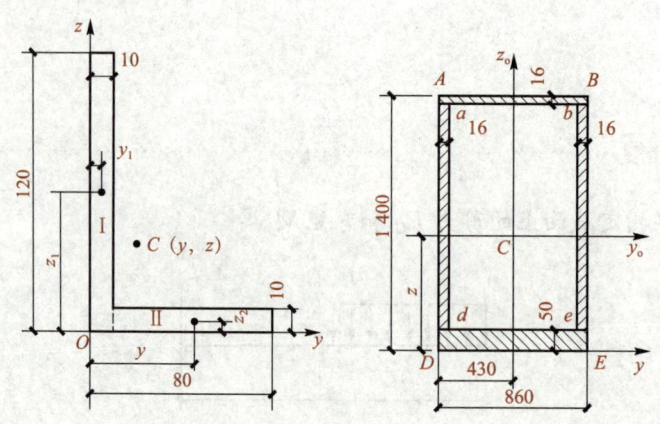

7. 图示悬臂梁，其横截面为矩形，承受荷载 F_1 与 F_2 作用，且 $F_1=2F_2=5$ kN。试计算梁内的最大弯曲正应力及该应力所在截面上 K 点处的弯曲正应力。

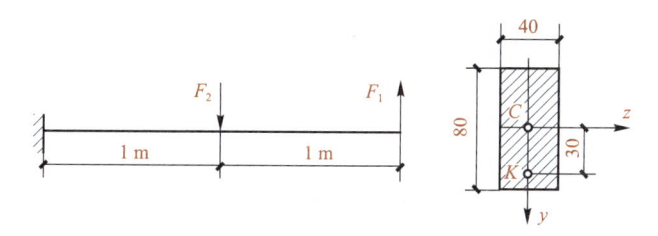

8. 如图所示，檩条两端简支于屋架上，檩条的跨度 $l=4$ m，承受均布荷载 $q=2$ kN/m，矩形截面 $b\times h=15$ cm$\times 20$ cm，木材的许用应力 $[\sigma]=10$ MPa。试校核檩条的强度。

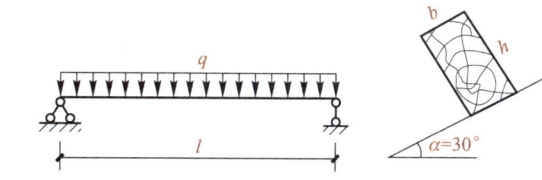

3 校核轴心受压柱的强度

一、选择题

1. 静定杆件的内力与杆件所受的（　　）有关。静定杆件的应力与杆件所受的（　　）有关。
   A. 外力
   B. 外力、截面
   C. 外力、截面、材料
   D. 外力、截面、杆长、材料

2. 构件抵抗破坏的能力称为（　　）。构件抵抗变形的能力称为（　　）。
   A. 刚度
   B. 强度
   C. 稳定性
   D. 极限强度

3. 两根相同截面、不同材料的杆件，受相同的外力作用，它们的应力（　　）。
   A. 相同
   B. 不一定相同
   C. 不相同
   D. 都不对

4. 强度条件有三方面力学计算，它们是（　　）。
   A. 内力计算、应力计算、变形计算
   B. 刚度校核、截面设计、计算许可荷载
   C. 荷载计算、截面计算、变形计算
   D. 截面计算、内力计算、计算许可荷载

5. 杆件的抗拉刚度是（　　）。
   A. EJ_z
   B. GJ_p
   C. GA
   D. EA

二、填空题

1. 已知杆件的横截面面积 $A=10 \text{ mm}^2$，则 $\sigma_{\max}=$ _____，当 $x=$ _____ 时，杆件的长度不变。

2. 图示阶梯形拉杆，AC 段为钢，CD 段为铜，$AB/BC/CD$ 段的应变分别为 ε_1，ε_2，ε_3，则杆 AD 的总变形 $\Delta l=$ _____。

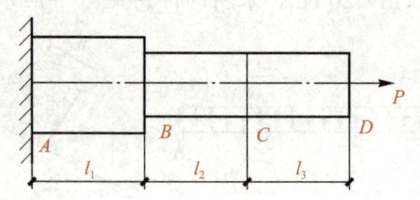

3. 刚性梁 AB 由杆 1 和杆 2 支撑。已知两杆的材料相同，长度不等，横截面面积分别为 A_1 和 A_2，若载荷 P 使钢梁平行不移，比较横截面面积 A_1 和 A_2 的大小为 _____。

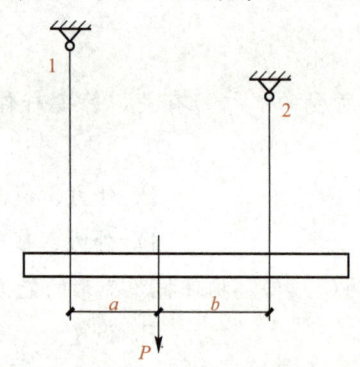

4. 轴向拉伸或压缩的受力特点：作用于杆件两端的外力作用线 _____。其变形特点是杆件沿 _____。

5. 内力是外力作用引起的，不同 _____ 的引起不同的内力，轴向拉压变形时的内力称为 _____。

6. 构件在外力作用 _____、_____ 的内力称为应力。轴向拉、压时，由于应力与横截面 _____，故称为 _____；计算公式是 _____；单位为 _____ 或 _____。

7. 杆件受拉、压时的应力，在截面上是 _____ 分布的。

8. 正应力的正负号规定与 _____ 相同，_____ 时的应力为 _____，符号为正；_____ 时的应力为 _____，符号为负。

9. 为了杆件长度的影响，通常以 _____ 除以原长得到单位长度上的变形量，称为

_____，又称为线应变，用符号_____来表示，其表达式是_____。

10. 试验证明：在杆内轴力不超过某一限制时，杆绝对值变形与_____和_____成正比，而与成反比。

11. 胡克定律的两种数学表达式为_____和_____。

12. 在试验时，通常用_____代表塑性材料，用_____代表脆性材料。

13. 应力变化不大，应变显著增大，从而产生明显的_____的现象。

14. 衡量材料强度的两个重要指标是_____和_____。

15. 铸铁等脆性材料的_____很低，因此不宜作为承拉零件的材料。

16. 工程材料丧失_____时的应力称为危险应力或_____，以符号_____表示。对于塑性材料，危险应力为_____；对于脆性材料，危险应力为_____。

17. 材料的危险应力除以一个大于1的系数 n 作为材料的_____，它是构建安全工作的允许承受的_____，以符号_____表示，n 称为_____。

18. 构件的强度不够是指其工作应力_____构件材料的许用拉力。

19. 拉(压)杆强度条件可用于解决校核强度、_____和_____三类问题。

21. 当杆件受拉而伸长时，轴力 N 背离截面，轴力取_____号；反之，取_____号。

22. 轴向拉压杆的强度条件是_____。

23. 随着外力取消随之消失的变形叫作_____，当外力取消时不消失或不完全消失而残留下来的形变叫作_____。

24. 在弹性受力范围内应力与应变成_____，比例数 E 叫作材料的_____。

25. 应力集中会_____脆性材料构件的承载能力。

■ 4　校核轴心受压柱的稳定性

一、填空题

1. 细长压杆在轴向力作用下保持其原有直线平衡状态的能力称为_____。

2. 在一定轴向压力作用下，细长直杆突然丧失其原有直线平衡形态的现象叫作压杆_____。

3. 压杆失稳与强度破坏，就其性质而言是完全不同的，导致压杆失稳的压力比发生强度破坏时的压力要_____得多。因此，对细长压杆必须进行_____计算。

4. 柔度是压杆稳定计算中的一个十分重要的几何参数。柔度综合反映了_____、_____、_____对临界应力的影响。λ 越大，压杆越_____，临界应力就越_____，临界力也就越小，压杆就越易_____。

5. 影响受压构件稳定性的主要因素有受压构件的_____，选取的截面_____，受压构件两端的_____情况以及所选用的_____。

6. 提高受压构杆稳定性的措施主要有_____压杆的长度；_____长度系数 μ；选择合理的_____；选择适当的_____；改善结构_____情况。

二、计算题

1. 有一长 $l=300$ mm，截面宽 $b=6$ mm、高 $h=10$ mm 的压杆。两端铰接，压杆材料为 Q235 钢，$E=200$ GPa。试计算压杆的临界应力和临界力。

2. 图示为一简单托架，其撑杆 AB 为圆截面木 $[\sigma]=11$ MPa，若架上受均布荷载作用 $q=50$ kN·m，试求撑杆所需的直径 d。

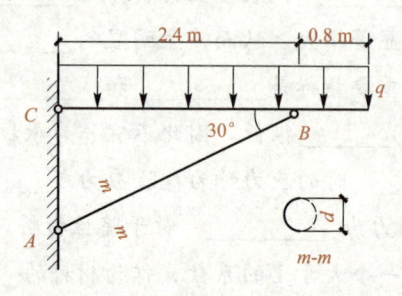

3. 图示托架中的 AB 杆为 16 号工字钢，CD 杆由两根 50×6 等边角钢组成。已知 $l=2$ m，$h=1.5$ m，材料为 Q235 钢，其许用应力 $[\sigma]=160$ MPa。试求该托架的许用荷载 $[F]$。

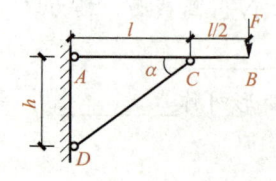

5 校核螺栓连接件的强度

1. 如图所示，用两个铆钉将 140 mm×140 mm×12 mm 的等边角钢铆接在立柱上，构成支托。若 $F=30$ kN，铆钉的直径 $d=21$ mm，试求铆钉的切应力和挤压应力。

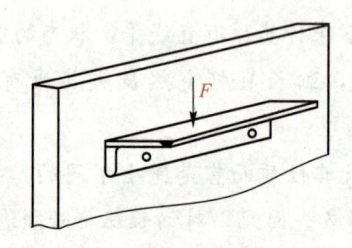

2. 如图所示，厚度 $\delta=6$ mm 的两块钢板用三个铆钉连接，已知 $F=50$ kN，已知连接件的许用切应力 $[\tau]=100$ MPa，$[\sigma_c]=100$ MPa。试确定铆钉直径 d。

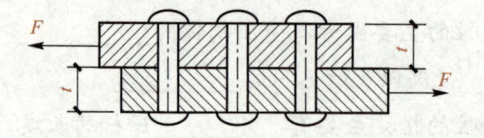

6 校核桁架各杆的强度

1. 试用结点法求图示桁架结构各杆的内力。

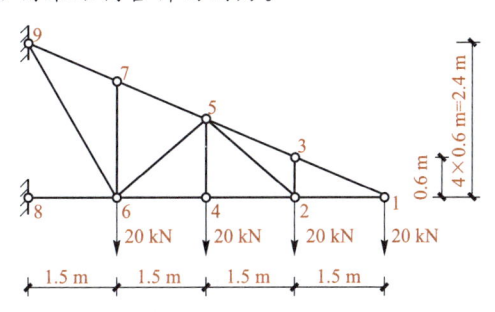

2. 试用截面法求解图示桁架中指定杆件 1，2，3 的内力。

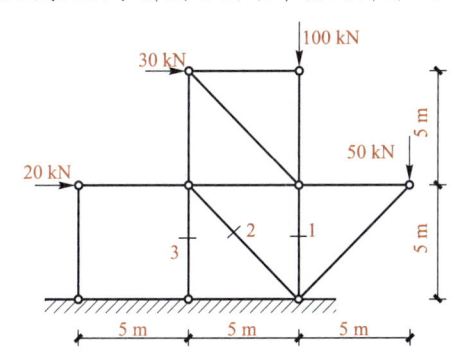

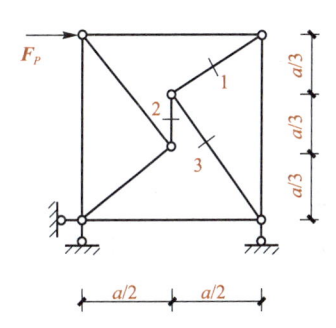

附录 热轧型钢常用参数表

附表1 等边钢截面尺寸、截面面积、理论质量及截面特性(GB/T 706—2016)

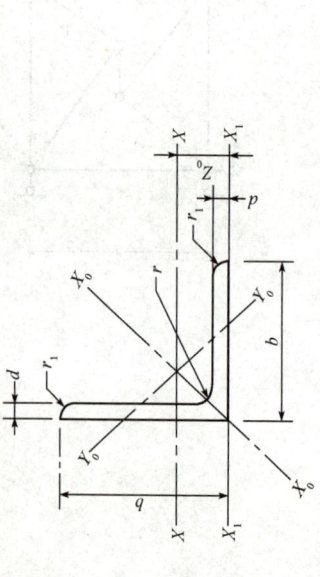

b——边宽度；
d——边厚度；
r——内圆弧半径；
r_1——边端圆弧半径；
Z_0——重心距离。

等边角钢截面图

型号	截面尺寸/mm b	截面尺寸/mm d	截面尺寸/mm r	截面面积/ cm²	理论质量/ (kg·m⁻¹)	外表面积/ (m²·m⁻¹)	x_z	惯性矩/cm⁴ I_{x1}	I_{x0}	I_{y0}	惯性半径/cm i_x	i_{x0}	i_{y0}	截面模数/cm³ W_x	W_{x0}	W_{y0}	重心距离 /cm Z_0
2	20	3	3.5	1.132	0.89	0.078	0.40	0.81	0.63	0.17	0.59	0.75	0.39	0.29	0.45	0.20	0.60
	20	4		1.459	1.15	0.077	0.50	1.09	0.78	0.22	0.58	0.73	0.38	0.36	0.55	0.24	0.64
2.5	25	3		1.432	1.12	0.098	0.82	1.57	1.29	0.34	0.76	0.95	0.49	0.46	0.73	0.33	0.73
	25	4		1.859	1.46	0.097	1.03	2.11	1.62	0.43	0.74	0.93	0.48	0.59	0.92	0.40	0.76
3.0	30	3		1.749	1.37	0.117	1.46	2.71	2.31	0.61	0.91	1.15	0.59	0.68	1.09	0.51	0.85
	30	4		2.276	1.79	0.117	1.84	3.63	2.92	0.77	0.90	1.13	0.58	0.87	1.37	0.62	0.89
3.6	36	3	4.5	2.109	1.66	0.141	2.58	4.68	4.09	1.07	1.11	1.39	0.71	0.99	1.61	0.76	1.00
	36	4		2.756	2.16	0.141	3.29	6.25	5.22	1.37	1.09	1.38	0.70	1.28	2.05	0.93	1.04
	36	5		3.382	2.65	0.141	3.95	7.84	6.24	1.65	1.08	1.36	0.7	1.56	2.45	1.00	1.07

· 162 ·

续表

型号	截面尺寸/mm b	d	r	截面面积/cm²	理论质量/(kg·m⁻¹)	外表面积/(m²·m⁻¹)	x_z	惯性矩 I_{x1}/cm⁴	I_{x0}	I_{y0}	惯性半径 i_x/cm	i_{x0}	i_{y0}	截面模数 W_x/cm³	W_{x0}	W_{y0}	重心距离 Z_0/cm
4	40	3	5	2.359	1.85	0.157	3.59	6.41	5.69	1.49	1.23	1.55	0.79	1.23	2.01	0.96	1.09
		4		3.086	2.42	0.157	4.60	8.56	7.29	1.91	1.22	1.54	0.79	1.60	2.58	1.19	1.13
		5		3.792	2.98	0.156	5.53	10.7	8.76	2.30	1.21	1.52	0.78	1.96	3.10	1.39	1.17
4.5	45	3	5	2.659	2.09	0.177	5.17	9.12	8.20	2.14	1.40	1.76	0.89	1.58	2.58	1.24	1.22
		4		3.486	2.74	0.177	6.65	12.2	10.6	2.75	1.38	1.74	0.89	2.05	3.32	1.54	1.26
		5		4.292	3.37	0.176	8.04	15.2	12.7	3.33	1.37	1.72	0.88	2.51	4.00	1.81	1.30
		6		5.077	3.99	0.176	9.33	18.4	14.8	3.89	1.36	1.70	0.80	2.95	4.64	2.06	1.33
5	50	3	5.5	2.971	2.33	0.197	7.18	12.5	11.4	2.98	1.55	1.96	1.00	1.96	3.22	1.57	1.34
		4		3.897	3.06	0.197	9.26	16.7	14.7	3.82	1.54	1.94	0.99	2.56	4.16	1.96	1.38
		5		4.803	3.77	0.196	11.2	20.9	17.8	4.64	1.53	1.92	0.98	3.13	5.03	2.31	1.42
		6		5.688	4.46	0.196	13.1	25.1	20.7	5.42	1.52	1.91	0.98	3.68	5.85	2.63	1.46
5.6	56	3	6	3.343	2.62	0.221	10.2	17.6	16.1	4.24	1.75	2.20	1.13	2.48	4.08	2.02	1.48
		4		4.39	3.45	0.220	13.2	23.4	20.9	5.46	1.73	2.18	1.11	3.24	5.28	2.52	1.53
		5		5.415	4.25	0.220	16.0	29.3	25.4	6.61	1.72	2.17	1.10	3.97	6.42	2.98	1.57
		6		6.42	5.04	0.220	18.7	35.3	29.7	7.73	1.71	2.15	1.10	4.68	7.49	3.40	1.61
		7		7.404	5.81	0.219	21.2	41.2	33.6	8.82	1.69	2.13	1.09	5.36	8.49	3.80	1.64
		8		8.367	6.57	0.219	23.6	47.2	37.4	9.89	1.68	2.11	1.09	6.03	9.44	4.16	1.68
6	60	5	6.5	5.829	4.58	0.236	19.9	36.1	31.6	8.21	1.85	2.33	1.19	4.59	7.44	3.48	1.67
		6		6.914	5.43	0.235	23.4	43.3	36.9	9.60	1.83	2.31	1.18	5.41	8.70	3.98	1.70
		7		7.977	6.26	0.235	26.4	50.1	41.9	11.0	1.82	2.29	1.17	6.21	9.88	4.45	1.74
		8		9.02	7.08	0.235	29.5	58.0	46.7	12.3	1.81	2.27	1.17	6.98	11.0	4.88	1.78

· 163 ·

续表

型号	截面尺寸/mm b	d	r	截面面积/cm²	理论质量/(kg·m⁻¹)	外表面积/(m²·m⁻¹)	x_z	I_{x1}	惯性矩/cm⁴ I_{x0}	I_{y0}	i_x	惯性半径/cm i_{x0}	i_{y0}	W_x	截面模数/cm³ W_{x0}	W_{y0}	重心距离/cm Z_0
6.3	63	4	7	4.978	3.91	0.248	19.0	33.4	30.2	7.89	1.96	2.46	1.26	4.13	6.78	3.29	1.70
		5		6.143	4.82	0.248	23.2	41.7	36.8	9.57	1.94	2.45	1.25	5.08	8.25	3.90	1.74
		6		7.288	5.72	0.247	27.1	50.1	43.0	11.2	1.93	2.43	1.24	6.00	9.66	4.46	1.78
		8		8.412	6.60	0.247	30.9	58.6	49.0	12.8	1.92	2.41	1.23	6.88	11.0	4.98	1.82
		8		9.515	7.47	0.247	34.5	67.1	54.6	14.3	1.90	2.40	1.23	7.75	12.3	5.47	1.85
		10		11.66	9.15	0.246	41.1	84.3	64.9	17.3	1.88	2.36	1.22	9.39	14.6	6.36	1.93
7	70	4	8	5.570	4.37	0.275	26.4	45.7	41.8	11.0	2.18	2.74	1.40	5.14	8.44	4.17	1.86
		5		6.876	5.40	0.275	32.2	57.2	51.1	13.3	2.16	2.73	1.39	6.32	10.3	4.95	1.91
		6		8.160	6.41	0.275	37.8	68.7	59.9	15.6	2.15	2.71	1.38	7.48	12.1	5.67	1.95
		7		9.424	7.40	0.275	43.1	80.3	68.4	17.8	2.14	2.69	1.38	8.59	13.8	6.34	1.99
		8		10.67	8.37	0.274	48.2	91.9	76.4	20.0	2.12	2.68	1.37	9.68	15.4	6.98	2.03
7.5	75	5	9	7.412	5.82	0.295	40.0	70.6	63.3	16.6	2.33	2.92	1.50	7.32	11.9	5.77	2.04
		6		8.797	6.91	0.294	47.0	84.6	74.4	19.5	2.31	2.90	1.49	8.64	14.0	6.67	2.07
		7		10.16	7.98	0.294	53.6	98.7	85.0	22.2	2.30	2.89	1.48	9.93	16.0	7.44	2.11
		8		11.50	9.03	0.294	60.0	113	95.1	24.9	2.28	2.88	1.47	11.2	17.9	8.19	2.15
		9		12.83	10.1	0.294	66.1	127	105	27.5	2.27	2.86	1.46	12.4	19.8	8.89	2.18
		10		14.13	11.1	0.293	72.0	142	114	30.1	2.26	2.84	1.46	13.6	21.5	9.56	2.22
8	80	5	9	7.912	6.21	0.315	48.8	85.4	77.3	20.3	2.48	3.13	1.60	8.34	13.7	6.66	2.15
		6		9.397	7.38	0.314	57.4	103	91.0	23.7	2.47	3.11	1.59	9.87	16.1	7.65	2.19
		7		10.86	8.53	0.314	65.6	120	104	27.1	2.46	3.10	1.58	11.4	18.4	8.58	2.23
		8		12.30	9.66	0.314	73.5	137	117	30.4	2.44	3.08	1.57	12.8	20.6	9.46	2.27
		9		13.73	10.8	0.314	81.1	154	129	33.6	2.43	3.06	1.56	14.3	22.7	10.3	2.31
		10		15.13	11.9	0.313	88.4	172	140	36.8	2.42	3.04	1.56	15.6	24.8	11.1	2.35

续表

型号	截面尺寸/mm b	d	r	截面面积/cm²	理论质量/(kg·m⁻¹)	外表面积/(m²·m⁻¹)	惯性矩/cm⁴ x_z	I_{x1}	I_{x0}	I_{y0}	惯性半径/cm i_x	i_{x0}	i_{y0}	截面模数/cm³ W_x	W_{x0}	W_{y0}	重心距离/cm Z_0
9	90	6	10	10.64	8.35	0.354	82.8	146	131	34.3	2.79	3.51	1.80	12.6	20.6	9.95	2.44
		7		12.30	9.66	0.354	94.8	170	150	39.2	2.78	3.50	1.78	14.5	23.6	11.2	2.48
		8		13.94	10.9	0.353	106	195	169	44.0	2.76	3.48	1.78	16.4	26.6	12.4	2.52
		9		15.57	12.2	0.353	118	219	187	48.7	2.75	3.46	1.77	18.3	29.4	13.5	2.56
		10		17.17	13.5	0.353	129	244	204	53.3	2.74	3.45	1.76	20.1	32.0	14.5	2.59
		12		20.31	15.9	0.352	149	294	236	62.2	2.71	3.41	1.75	23.6	37.1	16.5	2.67
10	100	6	12	11.93	9.37	0.393	115	200	182	47.9	3.10	3.90	2.00	15.7	25.7	12.7	2.67
		7		13.80	10.8	0.393	132	234	209	54.7	3.09	3.89	1.99	18.1	29.6	14.3	2.71
		8		15.64	12.3	0.393	148	267	235	61.4	3.08	3.88	1.98	20.5	33.2	15.8	2.76
		9		17.46	13.7	0.392	164	300	260	68.0	3.07	3.86	1.97	22.8	36.8	17.2	2.80
		10		19.26	15.1	0.392	180	334	285	74.4	3.05	3.84	1.96	25.1	40.3	18.5	2.84
		12		22.80	17.9	0.391	209	402	331	86.8	3.03	3.81	1.95	29.5	46.8	21.1	2.91
		14		26.26	20.6	0.391	237	471	374	99.0	3.00	3.77	1.94	33.7	52.9	23.4	2.99
		16		29.63	23.3	0.390	263	540	414	111	2.98	3.74	1.94	37.8	58.6	25.6	3.06
11	110	7	12	15.20	11.9	0.433	177	311	281	73.4	3.41	4.30	2.20	22.1	36.1	17.5	2.96
		8		17.24	13.5	0.433	199	355	316	82.4	3.40	4.28	2.19	25.0	40.7	19.4	3.01
		10		21.26	16.7	0.432	242	445	384	100	3.38	4.25	2.17	30.6	49.4	22.9	3.09
		12		25.20	19.8	0.431	283	535	448	117	3.35	4.22	2.15	36.1	57.6	26.2	3.16
		14		29.06	22.8	0.431	321	625	508	133	3.32	4.18	2.14	41.3	65.3	29.1	3.24

续表

型号	截面尺寸/mm b	d	r	截面面积/cm²	理论质量/(kg·m⁻¹)	外表面积/(m²·m⁻¹)	x_z	惯性矩/cm⁴ I_{x1}	I_{x0}	I_{y0}	惯性半径/cm i_x	i_{x0}	i_{y0}	截面模数/cm³ W_x	W_{x0}	W_{y0}	重心距离/cm Z_0
12.5	125	8		19.75	15.5	0.492	297	521	471	123	3.88	4.88	2.50	32.5	53.3	25.9	3.37
		10		24.37	19.1	0.491	362	652	574	149	3.85	4.85	2.48	40.0	64.9	30.6	3.45
		12		28.91	22.7	0.491	473	783	671	175	3.83	4.82	2.46	41.2	76.0	35.0	3.53
		14		33.37	26.2	0.490	482	916	764	200	3.80	4.78	2.45	54.2	86.4	39.1	3.61
		16		37.74	29.6	0.489	537	1050	851	224	3.77	4.75	2.43	60.9	96.3	43.0	3.68
14	140	10		27.37	21.5	0.551	515	915	817	212	4.34	5.46	2.78	50.6	82.6	39.2	3.82
		12		32.51	25.5	0.551	604	1100	959	249	4.31	5.43	2.76	59.8	96.9	45.0	3.90
		14	14	37.57	29.5	0.550	689	1280	1090	284	4.28	5.40	2.75	68.8	110	50.5	3.98
		16		42.54	33.4	0.549	770	1470	1220	319	4.26	5.36	2.74	77.5	123	55.6	4.06
15	150	8		23.75	18.6	0.592	521	900	827	215	4.69	5.90	3.01	47.4	78.0	38.1	3.99
		10		29.37	23.1	0.591	638	1130	1010	262	4.66	5.87	2.99	58.4	95.5	45.5	4.08
		12		34.91	27.4	0.591	749	1350	1190	308	4.63	5.84	2.97	69.0	112	52.4	4.15
		14		40.37	31.7	0.590	856	1580	1360	352	4.60	5.80	2.95	79.5	128	58.8	4.23
		15		43.06	33.8	0.590	907	1690	1440	374	4.59	5.78	2.95	84.6	136	61.9	4.27
		16		45.74	35.9	0.589	958	1810	1520	395	4.58	5.77	2.94	89.6	143	64.9	4.31
16	160	10		31.50	24.7	0.630	780	1370	1240	322	4.98	6.27	3.20	66.7	109	52.8	4.31
		12		37.44	29.4	0.630	917	1640	1460	377	4.95	6.24	3.18	79.0	129	60.7	4.39
		14	16	43.30	34.0	0.629	1050	1910	1670	432	4.92	6.20	3.16	91.0	147	68.2	4.47
		16		49.07	38.5	0.629	1180	2190	1870	485	4.89	6.17	3.14	103	165	75.3	4.55
18	180	12		42.24	33.2	0.710	1320	2330	2100	543	5.59	7.05	3.58	101	165	78.4	4.89
		14		48.90	38.4	0.709	1510	2720	2410	622	5.56	7.02	3.56	116	189	88.4	4.97
		16		55.47	43.5	0.709	1700	3120	2700	699	5.54	6.98	3.55	131	212	97.8	5.05
		18		61.96	48.6	0.708	1880	3500	2990	762	5.50	6.94	3.51	146	235	105	5.13

续表

型号	截面尺寸/mm b	d	r	截面面积/cm²	理论质量/(kg·m⁻¹)	外表面积/(m²·m⁻¹)	惯性矩/cm⁴ x_z	I_{x1}	I_{x0}	I_{y0}	惯性半径/cm i_x	i_{x0}	i_{y0}	截面模数/cm³ W_x	W_{x0}	W_{y0}	重心距离/cm Z_0
20	200	14	18	54.64	48.9	0.788	2 100	3 730	3 340	864	6.20	7.82	3.98	145	236	112	5.46
		16		62.01	48.7	0.788	2 370	4 270	3 760	971	6.18	7.79	3.96	164	266	124	5.54
		18		69.30	54.4	0.787	2 620	4 810	4 160	1 080	6.15	7.75	3.94	182	294	136	5.62
		20		76.51	60.1	0.787	2 870	5 350	4 550	1 180	6.12	7.72	3.93	200	322	147	5.69
		24		90.66	71.2	0.785	3 340	6 460	5 290	1 380	6.07	7.64	3.90	236	374	167	5.87
22	220	16	21	68.67	53.9	0.866	3 190	5 680	5 060	1 310	6.81	8.59	4.37	200	326	154	6.03
		18		76.75	60.3	0.866	3 540	6 400	5 620	1 450	6.79	8.55	4.35	223	361	168	6.11
		20		84.76	66.5	0.865	3 870	7 110	6 150	1 590	6.76	8.52	4.34	245	395	182	6.18
		22		92.68	72.8	0.865	4 200	7 830	6 670	1 730	6.73	8.48	4.32	267	429	195	6.26
		24		100.5	78.9	0.864	4 520	8 550	7 170	1 870	6.71	8.45	4.31	289	461	208	6.33
		26		108.3	85.0	0.864	4 830	9 280	7 690	2 000	6.68	8.41	4.30	310	492	221	6.41
25	250	18	24	87.84	69.0	0.985	5 270	9 380	8 370	2 170	7.75	9.76	4.97	290	473	224	6.84
		20		97.05	76.2	0.984	5 780	10 400	9 180	2 380	7.72	9.73	4.95	320	519	243	6.92
		22		106.2	83.3	0.983	6 280	11 500	9 970	2 580	7.69	9.69	4.93	349	564	261	7.00
		24		115.2	90.4	0.983	6 770	12 500	10 700	2 790	7.67	9.66	4.92	378	608	278	7.07
		26		124.2	97.5	0.982	7 240	13 600	11 500	2 980	7.64	9.62	4.90	406	650	295	7.15
		28		133.0	104	0.982	7 700	14 600	12 200	3 180	7.61	9.58	4.89	433	691	311	7.22
		30		141.8	111	0.981	8 160	15 700	12 900	3 380	7.58	9.55	4.88	461	731	327	7.30
		32		150.5	118	0.981	8 600	16 800	13 600	3 570	7.56	9.51	4.87	488	770	342	7.37
		35		163.4	128	0.980	9 240	18 400	14 600	3 850	7.52	9.46	4.86	527	827	364	7.48

注：截面图中的 $r_1=1/3d$ 及表中 r 的数据用于孔型设计，不做交货条件

附表 2　不等边角钢截面尺寸、截面面积、理论重量及截面特性（GB/T 706—2016）

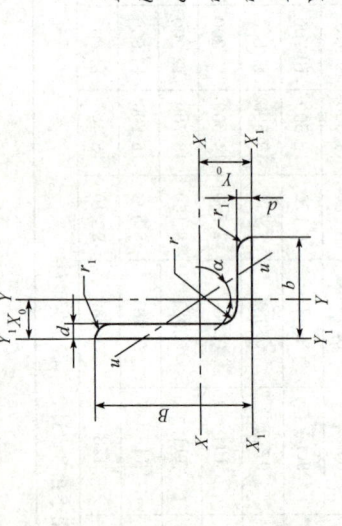

B ——长边宽度；
b ——短边宽度；
d ——边厚度；
r ——内圆弧半径；
r_1 ——边端圆弧半径；
X_0 ——重心距离；
Y_0 ——重心距离

不等边角钢截面图

型号	截面尺寸/mm B	b	d	r	截面面积/ cm²	理论质量/ (kg·m⁻¹)	外表面积/ (m²·m⁻¹)	惯性矩/cm⁴ I_x	I_{x1}	I_y	I_{y1}	I_u	惯性半径/cm i_x	i_y	i_u	截面模数/cm³ W_x	W_y	W_u	$\tan\alpha$	重心距离/cm X_0	Y_0
2.5/1.6	25	16	3	3.5	1.162	0.91	0.080	0.70	1.56	0.22	0.43	0.14	0.78	0.44	0.34	0.43	0.19	0.16	0.392	0.42	0.85
			4		1.499	1.18	0.079	0.88	2.09	0.27	0.59	0.17	0.77	0.43	0.34	0.55	0.24	0.20	0.381	0.46	0.90
3.2/2	32	20	3		1.492	1.17	0.102	1.53	3.27	0.46	0.82	0.28	1.01	0.55	0.43	0.72	0.30	0.25	0.382	0.49	1.08
			4		1.939	1.52	0.101	1.93	4.37	0.57	1.12	0.35	1.00	0.54	0.42	0.93	0.39	0.32	0.374	0.53	1.12
4/2.5	40	25	3	4	1.890	1.48	0.127	3.08	5.39	0.93	1.59	0.56	1.28	0.70	0.54	1.15	0.49	0.40	0.385	0.59	1.32
			4		2.467	1.94	0.127	3.93	8.53	1.18	2.14	0.71	1.36	0.69	0.54	1.49	0.63	0.52	0.381	0.63	1.37
4.5/2.8	45	28	3	5	2.149	1.69	0.143	4.45	9.10	1.34	2.23	0.80	1.44	0.79	0.61	1.47	0.62	0.51	0.383	0.64	1.47
			4		2.806	2.20	0.143	5.69	12.1	1.70	3.00	1.02	1.42	0.78	0.60	1.91	0.80	0.66	0.380	0.68	1.51
5/3.2	50	32	3	5.5	2.431	1.91	0.161	6.24	12.5	2.02	3.31	1.20	1.60	0.91	0.70	1.84	0.82	0.68	0.404	0.73	1.60
			4		3.177	2.49	0.160	8.02	16.7	2.58	4.45	1.53	1.59	0.90	0.69	2.39	1.06	0.87	0.402	0.77	1.65
5.6/3.6	56	36	3	6	2.743	2.15	0.181	8.88	17.5	2.92	4.7	1.73	1.80	1.03	0.79	2.32	1.05	0.87	0.408	0.80	1.78
			4		3.590	2.82	0.180	11.5	23.4	3.76	6.33	2.23	1.79	1.02	0.79	3.03	1.37	1.13	0.408	0.85	1.82
			5		4.415	3.47	0.180	13.9	29.3	4.49	7.94	2.67	1.77	1.01	0.78	3.71	1.65	1.36	0.404	0.88	1.87

续表

型号	截面尺寸/mm B	b	d	r	截面面积/cm²	理论质量/(kg·m⁻¹)	外表面积/(m²·m⁻¹)	惯性矩/cm⁴ I_x	I_{x1}	I_y	I_{y1}	I_u	惯性半径/cm i_x	i_y	i_u	截面模数/cm³ W_x	W_y	W_u	$\tan\alpha$	重心距离/cm X_0	Y_0
6.3/4	63	40	4	7	4.058	3.19	0.202	16.5	33.3	5.23	8.63	3.12	2.02	1.14	0.88	3.87	1.70	1.40	0.398	0.92	2.04
			5		4.993	3.92	0.202	20.0	41.6	6.31	10.9	3.76	2.00	1.12	0.87	4.74	2.07	1.71	0.396	0.95	2.08
			6		5.908	4.64	0.201	23.4	50.0	7.29	13.1	4.34	1.96	1.11	0.86	5.59	2.43	1.99	0.393	0.99	2.12
			7		6.802	5.34	0.201	26.5	58.1	8.24	15.5	4.97	1.98	1.10	0.86	6.40	2.78	2.29	0.389	1.03	2.15
7/4.5	70	45	4	7.5	4.553	3.57	0.226	23.2	45.9	7.55	12.3	4.40	2.26	1.29	0.98	4.86	2.17	1.77	0.410	1.02	2.24
			5		5.609	4.40	0.225	28.0	57.1	9.13	15.4	5.40	2.23	1.28	0.98	5.92	2.65	2.19	0.407	1.06	2.28
			6		6.644	5.22	0.225	32.5	68.4	10.6	18.6	6.35	2.21	1.26	0.98	6.95	3.12	2.59	0.404	1.09	2.32
			7		7.658	6.01	0.225	37.2	80.0	12.0	21.8	7.16	2.20	1.25	0.97	8.03	3.57	2.94	0.402	1.13	2.36
7.5/5	75	50	5	8	6.126	4.81	0.245	34.9	70.0	12.6	21.0	7.41	2.39	1.44	1.10	6.83	3.3	2.74	0.435	1.17	2.40
			6		7.260	5.70	0.245	41.1	84.3	14.7	25.4	8.54	2.38	1.42	1.08	8.12	3.88	3.19	0.435	1.21	2.44
			8		9.467	7.43	0.244	52.4	113	18.5	34.2	10.9	2.35	1.40	1.07	10.5	4.99	4.10	0.429	1.29	2.52
			10		11.59	9.10	0.244	62.7	141	22.0	43.4	13.1	2.33	1.38	1.06	12.8	6.04	4.99	0.423	1.36	2.60
8/5	80	50	5	8	6.376	5.00	0.255	42.0	85.2	12.8	21.1	7.66	2.56	1.42	1.10	7.78	3.32	2.74	0.388	1.14	2.60
			6		7.560	5.93	0.255	49.5	103	15.0	25.4	8.85	2.56	1.41	1.08	9.25	3.91	3.20	0.387	1.18	2.65
			7		8.724	6.85	0.255	56.2	119	17.0	29.8	10.2	2.54	1.39	1.08	10.6	4.48	3.70	0.384	1.21	2.69
			8		9.867	7.75	0.254	62.8	136	18.9	34.3	11.4	2.52	1.38	1.07	11.9	5.03	4.16	0.381	1.25	2.73
9/5.6	90	56	5	9	7.212	5.66	0.287	60.5	121	18.3	29.5	11.0	2.90	1.59	1.23	9.92	4.21	3.49	0.385	1.25	2.91
			6		8.557	6.72	0.286	71.0	146	21.4	35.6	12.9	2.88	1.58	1.23	11.7	4.96	4.13	0.384	1.29	2.95
			7		9.881	7.76	0.286	81.0	170	24.4	41.7	14.7	2.86	1.57	1.22	13.5	5.70	4.72	0.382	1.33	3.00
			8		11.18	8.78	0.286	91.0	194	27.2	47.9	16.3	2.85	1.56	1.21	15.3	6.41	5.29	0.380	1.36	3.04
10/6.3	100	63	6	10	9.618	7.55	0.320	99.1	200	30.9	50.5	18.4	3.21	1.79	1.38	14.6	6.35	5.25	0.394	1.43	3.24
			7		11.11	8.72	0.320	113	233	35.3	59.1	21.0	3.20	1.78	1.38	16.9	7.29	6.02	0.394	1.47	3.28
			8		12.58	9.88	0.319	127	266	39.4	67.9	23.5	3.18	1.77	1.37	19.1	8.21	6.78	0.391	1.50	3.32
			10		15.47	12.1	0.319	154	333	47.1	85.7	28.3	3.15	1.74	1.35	23.3	9.98	8.24	0.387	1.58	3.40

续表

型号	截面尺寸/mm B	b	d	r	截面面积/cm²	理论质量/(kg·m⁻¹)	外表面积/(m²·m⁻¹)	惯性矩/cm⁴ I_x	I_{x1}	I_y	I_{y1}	I_u	惯性半径/cm i_x	i_y	i_u	截面模数/cm³ W_x	W_y	W_u	tanα	重心距离/cm X_0	Y_0
10/8	100	80	6	10	10.64	8.35	0.354	107	200	61.2	103	31.7	3.17	2.40	1.72	15.2	10.2	8.37	0.627	1.97	2.95
			7		12.30	9.66	0.354	123	233	70.1	120	36.2	3.16	2.39	1.72	17.5	11.7	9.60	0.626	2.01	3.00
			8		13.94	10.9	0.353	138	267	78.6	137	40.6	3.14	2.37	1.71	19.8	13.2	10.8	0.625	2.05	3.04
			10		17.17	13.5	0.353	167	334	94.7	172	49.1	3.12	2.35	1.69	24.2	16.1	13.1	0.622	2.13	3.12
11/7	110	70	6	10	10.64	8.35	0.354	133	266	42.9	69.1	25.4	3.54	2.01	1.54	17.9	7.90	6.53	0.403	1.57	3.53
			7		12.30	9.66	0.354	153	310	49.0	80.8	29.0	3.53	2.00	1.53	20.6	9.09	7.50	0.402	1.61	3.57
			8		13.94	10.9	0.353	172	354	54.9	92.7	32.5	3.51	1.98	1.53	23.3	10.3	8.45	0.401	1.65	3.62
			10		17.17	13.5	0.353	208	443	65.9	117	39.2	3.48	1.96	1.51	28.5	12.5	10.3	0.397	1.72	3.70
12.5/8	125	80	7	11	14.10	11.1	0.403	228	455	74.4	120	43.8	4.02	2.30	1.76	26.9	12.0	9.92	0.408	1.80	4.01
			8		15.99	12.6	0.403	257	520	83.5	138	49.2	4.01	2.28	1.75	30.4	13.6	11.2	0.407	1.84	4.06
			10		19.71	15.5	0.402	312	650	101	173	59.5	3.98	2.26	1.74	37.3	16.6	13.6	0.404	1.92	4.14
			12		23.35	18.3	0.402	364	780	117	210	69.4	3.95	2.24	1.72	44.0	19.4	16.0	0.400	2.00	4.22
14/9	140	90	8	12	18.04	14.2	0.453	366	731	121	196	70.8	4.50	2.59	1.98	38.5	17.3	14.3	0.411	2.04	4.50
			10		22.26	17.5	0.452	446	913	140	246	85.8	4.47	2.56	1.96	47.3	21.2	17.5	0.409	2.12	4.58
			12		26.40	20.7	0.451	522	1100	170	297	100	4.44	2.54	1.95	55.9	25.0	20.5	0.406	2.19	4.66
			14		30.46	23.9	0.451	594	1280	192	349	114	4.42	2.51	1.94	64.2	28.5	23.5	0.403	2.27	4.74
15/9	140	90	8	12	18.84	14.8	0.473	442	898	123	196	74.1	4.84	2.55	1.98	43.9	17.5	14.5	0.364	1.97	4.92
			10		23.26	18.3	0.472	539	1120	149	246	89.9	4.81	2.53	1.97	54.0	21.4	17.7	0.362	2.05	5.01
			12		27.60	21.7	0.471	632	1350	173	297	105	4.79	2.50	1.95	63.8	25.1	20.8	0.359	2.12	5.09
			14		31.86	25.0	0.471	721	1570	196	350	120	4.76	2.48	1.94	73.3	28.8	23.8	0.356	2.20	5.17
			15		33.95	26.7	0.471	764	1680	207	376	127	4.74	2.47	1.93	78.0	30.5	25.3	0.354	2.24	5.21
			16		36.03	28.3	0.470	806	1800	217	403	134	4.73	2.45	1.93	82.6	32.3	26.8	0.352	2.27	5.25

续表

型号	截面尺寸/mm				截面面积/cm²	理论质量/(kg·m⁻¹)	外表面积/(m²·m⁻¹)	惯性矩/cm⁴					惯性半径/cm			截面模数/cm³			tanα	重心距离/cm	
	B	b	d	r				I_x	I_{x1}	I_y	I_{y1}	I_u	i_x	i_y	i_u	W_x	W_y	W_u		X_0	Y_0
16/10	160	100	10	13	25.32	19.9	0.512	669	1 360	205	337	122	5.14	2.85	2.19	62.1	26.6	21.9	0.390	2.28	5.24
			12		30.05	23.6	0.511	785	1 640	239	406	142	5.11	2.82	2.17	73.5	31.3	25.8	0.388	2.36	5.32
			14		34.71	27.2	0.510	896	1 910	271	476	162	5.08	2.80	2.16	84.6	35.8	29.6	0.385	2.43	5.40
			16		39.28	30.8	0.510	1 000	2 180	302	548	183	5.05	2.77	2.16	95.3	40.2	33.4	0.382	2.51	5.48
18/11	180	110	10	14	28.37	22.3	0.571	956	1 940	278	447	167	5.80	3.13	2.42	79.0	32.5	26.9	0.376	2.44	5.89
			12		33.71	26.5	0.571	1 120	2 330	325	539	195	5.78	3.10	2.40	93.5	38.3	31.7	0.374	2.52	5.98
			14		38.97	30.6	0.570	1 290	2 720	370	632	222	5.75	3.08	2.39	108	44.0	36.3	0.372	2.59	6.06
			16		44.14	34.6	0.569	1 440	3 110	412	726	249	5.72	3.06	2.38	122	49.4	40.9	0.369	2.67	6.14
20/12.5	200	125	12	14	37.91	29.8	0.641	1 570	3 190	483	788	286	6.44	3.57	2.74	117	50.0	41.2	0.392	2.83	6.54
			14		43.87	34.4	0.640	1 800	3 730	551	922	327	6.41	3.54	2.73	135	57.4	47.3	0.390	2.91	6.62
			16		49.74	39.0	0.639	2 020	4 260	615	1 060	366	6.38	3.52	2.71	152	64.9	53.3	0.388	2.99	6.70
			18		55.53	43.6	0.639	2 240	4 790	677	1 200	405	6.35	3.49	2.70	169	71.7	59.2	0.385	3.06	6.78

注：截面图中的 $r_1=1/3d$ 及表中 r 的数据用于孔型设计，不做交货条件

附表 3 工字钢截面尺寸、截面面积、理论质量及截面特性（GB/T 706—2016）

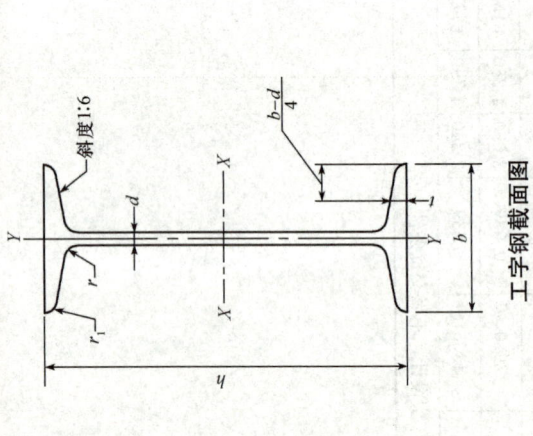

h ——高度；
b ——腿宽度；
d ——腰厚度；
t ——平均腿厚度；
r ——内圆弧半径；
r_1 ——腿端圆弧半径

工字钢截面图

型号	截面尺寸/mm						截面面积/ cm²	理论质量/ (kg·m⁻¹)	外表面积/ (m²·m⁻¹)	惯性矩/cm⁴		惯性半径/cm		截面模数/cm³	
	h	b	d	t	r	r_1				I_x	I_y	i_x	i_y	W_x	W_y
10	100	68	4.5	7.6	6.5	3.3	14.33	11.3	0.432	245	33.0	4.14	1.52	49.0	9.72
12	120	74	5.0	8.4	7.0	3.5	17.80	14.0	0.493	436	46.9	4.95	1.62	72.7	12.7
12.6	126	74	5.0	8.4	7.0	3.5	18.10	14.2	0.505	488	46.9	5.20	1.61	77.5	12.7
14	140	80	5.5	9.1	7.5	3.8	21.50	16.9	0.553	712	64.4	5.76	1.73	102	16.1
16	160	88	6.0	9.9	8.0	4.0	26.11	20.5	0.621	1 130	93.1	6.58	1.89	141	21.2
18	180	94	6.5	10.7	8.5	4.3	30.74	24.1	0.681	1 660	122	7.36	2.00	185	26.0
20a	200	100	7.0	11.4	9.0	4.5	35.55	27.9	0.742	2 370	158	8.15	2.12	237	31.5
20b	200	102	9.0	11.4	9.0	4.5	39.55	31.1	0.746	2 500	169	7.96	2.06	250	33.1

续表

型号	h	b	d	t	r	r₁	截面面积/cm²	理论质量/(kg·m⁻¹)	外表面积/(m²·m⁻¹)	I_x	I_y	i_x	i_y	W_x	W_y
22a	220	110	7.5	12.3	9.5	4.8	42.10	33.1	0.817	3 400	225	8.99	2.31	309	40.9
22b	220	112	9.5	12.3	9.5	4.8	46.50	36.5	0.821	3 570	239	8.78	2.27	325	42.7
24a	240	116	8.0	13.0	10.0	5.0	47.71	37.5	0.878	4 570	280	9.77	2.42	381	48.4
24b	240	118	10.0	13.0	10.0	5.0	52.51	41.2	0.882	4 800	297	9.57	2.38	400	50.4
25a	250	116	8.0	13.0	10.0	5.0	48.51	38.1	0.898	5 020	280	10.2	2.40	402	48.3
25b	250	118	10.0	13.0	10.0	5.0	53.51	42.0	0.902	5 280	309	9.94	2.40	423	52.4
27a	270	116	8.0	13.7	10.5	5.3	54.52	42.8	0.958	6 550	345	10.9	2.51	485	56.6
27b	270	118	10.0	13.7	10.5	5.3	59.92	47.0	0.962	6 870	366	10.7	2.47	509	58.9
28a	280	122	8.5	13.7	10.5	5.3	55.37	43.5	0.978	7 110	345	11.3	2.50	508	56.6
28b	280	124	10.5	13.7	10.5	5.3	60.97	47.9	0.982	7 480	379	11.1	2.49	534	61.2
30a	300	126	9.0	14.4	11.0	5.5	61.22	48.1	1.031	8 950	400	12.1	2.55	597	63.5
30b	300	128	11.0	14.4	11.0	5.5	67.22	52.8	1.035	9 400	422	11.8	2.50	627	65.9
30c	300	130	13.0	14.4	11.0	5.5	73.22	57.5	1.039	9 850	445	11.6	2.46	657	68.5
32a	320	130	9.5	15.0	11.5	5.8	67.12	52.7	1.084	11 100	460	12.8	2.62	692	70.8
32b	320	132	11.5	15.0	11.5	5.8	73.52	57.7	1.088	11 600	502	12.6	2.61	726	76.0
32c	320	134	13.5	15.0	11.5	5.8	79.92	62.7	1.092	12 200	544	12.3	2.61	760	81.2
36a	360	136	10.0	15.8	12.0	6.0	76.44	60.0	1.185	15 800	552	14.4	2.69	875	81.2
36b	360	138	12.0	15.8	12.0	6.0	83.64	65.7	1.189	16 500	582	14.1	2.64	919	84.3
36c	360	140	14.0	15.8	12.0	6.0	90.84	71.3	1.193	17 300	612	13.8	2.60	962	87.4
40a	400	142	10.5	16.5	12.5	6.3	86.07	67.6	1.285	21 700	660	15.9	2.77	1 090	93.2
40b	400	144	12.5	16.5	12.5	6.3	94.07	73.8	1.289	22 800	692	15.6	2.71	1 140	96.2
40c	400	146	14.5	16.5	12.5	6.3	102.1	80.1	1.293	23 900	727	15.2	2.65	1 190	99.6

续表

型号	截面尺寸/mm						截面面积/cm²	理论质量/(kg·m⁻¹)	外表面积/(m²·m⁻¹)	惯性矩/cm⁴		惯性半径/cm		截面模数/cm³	
	h	b	d	t	r	r₁				I_x	I_y	i_x	i_y	W_x	W_y
45a	450	150	11.5	18.0	13.5	6.8	102.4	80.4	1.411	32 200	855	17.7	2.89	1 430	114
45b		152	13.5				111.4	87.4	1.415	33 800	894	17.4	2.84	1 500	118
45c		154	15.5				120.4	94.5	1.419	35 300	938	17.1	2.79	1 570	122
50a	500	158	12.0	20.0	14.0	7.0	119.2	93.6	1.539	46 500	1 120	19.7	3.07	1 860	142
50b		160	14.0				129.2	101	1.543	48 600	1 170	19.4	3.01	1 940	146
50c		162	16.0				139.2	109	1.547	50 600	1 220	19.0	2.96	2 080	151
55a	550	166	12.5	21.0	14.5	7.3	134.1	105	1.667	62 900	1 370	21.6	3.19	2 290	164
55b		168	14.5				145.1	114	1.671	65 600	1 420	21.2	3.14	2 390	170
55c		170	16.5				156.1	123	1.675	68 400	1 480	20.9	3.08	2 490	175
56a	560	166	12.5	21.0	14.5	7.3	135.4	106	1.687	65 600	1 370	22.0	3.18	2 340	165
56b		168	14.5				146.6	115	1.691	68 500	1 490	21.6	3.16	2 450	174
56c		170	16.5				157.8	124	1.695	71 400	1 560	21.3	3.16	2 550	183
63a	630	176	13.0	22.0	15.0	7.5	154.6	121	1.862	93 900	1 700	24.5	3.31	2 980	193
63b		178	15.0				167.2	131	1.866	98 100	1 810	24.2	3.29	3 160	204
63c		180	17.0				179.8	141	1.870	102 000	1 920	23.8	3.27	3 300	214

注：表中 r、r₁ 的数据用于孔型设计，不做交货条件

附表 4 槽钢截面尺寸、截面面积、理论质量及截面特性

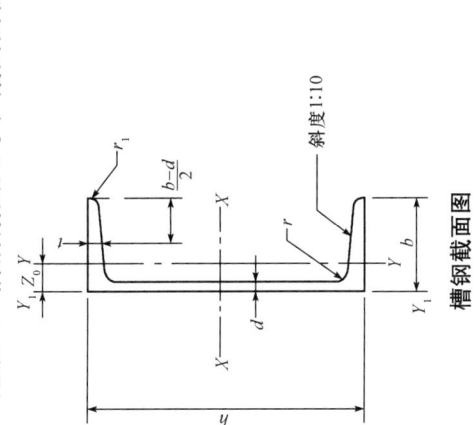

h——高度；
b——腿宽度；
d——腰厚度；
t——平均腿厚度；
r——内圆弧半径；
r_1——腿端圆弧半径；
Z_0——YY 轴与 Y_1Y_1 轴间距

槽钢截面图

型号	截面尺寸/mm						截面面积/cm²	理论质量/(kg·m⁻¹)	外表面积/(m²·m⁻¹)	惯性矩/cm⁴				惯性半径/cm		截面模数/cm³		重心距离/cm
	h	b	d	t	r	r_1				I_x	I_y	I_{y1}		i_x	i_y	W_x	W_y	Z_0
5	50	37	4.5	7.0	7.0	3.5	6.925	5.44	0.226	26.0	8.30	20.9		1.94	1.10	10.4	3.55	1.35
6.3	63	40	4.8	7.5	7.5	3.8	8.446	6.63	0.262	50.8	11.9	28.4		2.45	1.19	16.1	4.50	1.36
6.5	65	40	4.3	7.5	7.5	3.8	8.292	6.51	0.267	55.2	12.0	28.3		2.54	1.19	17.0	4.59	1.38
8	80	43	5.0	8.0	8.0	4.0	10.24	8.04	0.307	101	16.6	37.4		3.15	1.27	25.3	5.79	1.43
10	100	48	5.3	8.5	8.5	4.2	12.74	10.0	0.365	198	25.6	54.9		3.95	1.41	39.7	7.80	1.52
12	120	53	5.5	9.0	9.0	4.5	15.36	12.1	0.423	346	37.4	77.7		4.75	1.56	57.7	10.2	1.62
12.6	126	53	5.5	9.0	9.0	4.5	15.69	12.3	0.435	391	38.0	77.1		4.95	1.57	62.1	10.2	1.59
14a	140	58	6.0	9.5	9.5	4.8	18.51	14.5	0.480	564	53.2	107		5.52	1.70	80.5	13.0	1.71
14b	140	60	8.0	9.5	9.5	4.8	21.31	16.7	0.484	609	61.1	121		5.35	1.69	87.1	14.1	1.67
16a	160	63	6.5	10.0	10.0	5.0	21.95	17.2	0.538	866	73.3	144		6.28	1.83	108	16.3	1.80
16b	160	65	8.5	10.0	10.0	5.0	25.15	19.8	0.542	935	83.4	161		6.10	1.82	117	17.6	1.75
18a	180	68	7.0	10.5	10.5	5.2	25.69	20.2	0.596	1 270	98.6	190		7.04	1.96	141	20.0	1.88
18b	180	70	9.0	10.5	10.5	5.2	29.29	23.0	0.600	1 370	111	210		6.84	1.95	152	21.5	1.84

续表

型号	截面尺寸/mm						截面面积/cm²	理论质量/(kg·m⁻¹)	外表面积/(m²·m⁻¹)	惯性矩/cm⁴			惯性半径/cm		截面模数/cm³		重心距离/cm
	h	b	d	t	r	r₁				I_x	I_y	I_{y1}	i_x	i_y	W_x	W_y	Z_0
20a	200	73	7.0	11.0	11.0	5.5	28.83	22.6	0.654	1 780	128	244	7.86	2.11	178	24.2	2.01
20b	200	75	9.0	11.0	11.0	5.5	32.83	25.8	0.658	1 910	144	268	7.64	2.09	191	25.9	1.95
22a	220	77	7.0	11.5	11.5	5.8	31.83	25.0	0.709	2 390	158	298	8.67	2.23	218	28.2	2.10
22b	220	79	9.0	11.5	11.5	5.8	36.23	28.5	0.713	2 570	176	326	8.42	2.21	234	30.1	2.03
24a	240	78	7.0	12.0	12.0	6.0	34.21	26.9	0.752	3 050	174	325	9.45	2.25	254	30.5	2.10
24b	240	80	9.0	12.0	12.0	6.0	39.01	30.6	0.756	3 280	194	355	9.17	2.23	274	32.5	2.03
24c	240	82	11.0	12.0	12.0	6.0	43.81	34.4	0.760	3 510	213	388	8.96	2.21	293	34.4	2.00
25a	250	78	7.0	12.0	12.0	6.0	34.91	27.4	0.722	3 370	176	322	9.82	2.24	270	30.6	2.07
25b	250	80	9.0	12.0	12.0	6.0	39.91	31.3	0.776	3 530	196	353	9.41	2.22	282	32.7	1.98
25c	250	82	11.0	12.0	12.0	6.0	44.91	35.3	0.780	3 690	218	384	9.07	2.21	295	35.9	1.92
27a	270	82	7.5	12.5	12.5	6.2	39.27	30.8	0.826	4 360	216	393	10.5	2.34	323	35.5	2.13
27b	270	84	9.5	12.5	12.5	6.2	44.67	35.1	0.830	4 690	239	428	10.3	2.31	347	37.7	2.06
27c	270	86	11.5	12.5	12.5	6.2	50.07	39.3	0.834	5 020	261	467	10.1	2.28	372	39.8	2.03
28a	280	82	7.5	12.5	12.5	6.2	40.02	31.4	0.846	4 760	218	388	10.9	2.33	340	35.7	2.10
28b	280	84	9.5	12.5	12.5	6.2	45.62	35.8	0.850	5 130	242	428	10.6	2.30	366	37.9	2.02
28c	280	86	11.5	12.5	12.5	6.2	51.22	40.2	0.854	5 500	268	463	10.4	2.29	393	40.3	1.95
30a	300	85	7.5	13.5	13.5	6.8	43.89	34.5	0.897	6 050	260	467	11.7	2.43	403	41.1	2.17
30b	300	87	9.5	13.5	13.5	6.8	49.89	39.2	0.901	6 500	289	515	11.4	2.41	433	44.0	2.13
30c	300	89	11.5	13.5	13.5	6.8	55.89	43.9	0.905	6 950	316	560	11.2	2.38	463	46.4	2.09
32a	320	88	8.0	14.0	14.0	7.0	48.50	38.1	0.947	7 600	305	552	12.5	2.50	475	46.5	2.24
32b	320	90	10.0	14.0	14.0	7.0	54.90	43.1	0.951	8 140	336	593	12.2	2.47	509	49.2	2.16
32c	320	92	12.0	14.0	14.0	7.0	61.30	48.1	0.955	8 690	374	643	11.9	2.47	543	52.6	2.09
36a	360	96	9.0	16.0	16.0	8.0	60.89	47.8	1.053	11 900	455	818	14.0	2.73	660	63.5	2.44
36b	360	98	11.0	16.0	16.0	8.0	68.09	53.5	1.057	12 700	497	880	13.6	2.70	703	66.9	2.37
36c	360	100	13.0	16.0	16.0	8.0	75.29	59.1	1.061	13 400	536	948	13.4	2.67	746	70.0	2.34
40a	400	100	10.5	18.0	18.0	9.0	75.04	58.9	1.144	17 600	592	1 070	15.3	2.81	879	78.8	2.49
40b	400	102	12.5	18.0	18.0	9.0	83.04	65.2	1.148	18 600	640	1 140	15.0	2.78	932	82.5	2.44
40c	400	104	14.5	18.0	18.0	9.0	91.04	71.5	1.152	19 700	688	1 220	14.7	2.75	986	86.2	2.42

注：表中 r、r_1 的数据用于孔型设计，不做交货条件

附表5 常用材料及构件重力密度表

项次	名称	自重	单位	备注
1	杉木	4	kN/m³	随含水率而不同
2	普通木板条、椽檩木料	5	kN/m³	随含水率而不同
3	胶合三合板(水曲柳)	0.028	kN/m³	
4	木屑板(按10 mm厚计)	0.12	kN/m³	常用厚度为6~10 mm
5	钢	78.5	kN/m³	
6	石灰砂浆、混合砂浆	17	kN/m³	
7	纸筋石灰泥	16	kN/m³	
8	水泥砂浆	20	kN/m³	
9	素混凝土	22~24	kN/m³	振捣或不振捣
10	焦渣混凝土	10~14	kN/m³	填充用
11	加气混凝土	6~8.5	kN/m³	
12	钢筋混凝土	24~25	kN/m³	
13	浆砌毛方石	24	kN/m³	石灰石
14	浆砌普通砖	18	kN/m³	
15	浆砌机制砖	19	kN/m³	
16	混凝土多孔砖	16.8	kN/m³	
17	混凝土空心砌块	14.5	kN/m³	
18	沥青蛭石制品	3.5~4.5	kN/m³	
19	膨胀蛭石	0.8~2.0	kN/m³	
20	膨胀珍珠岩粉料	0.8~2.5	kN/m³	
21	水泥膨胀制品	3.5~4.0	kN/m³	
22	水泥粉刷墙面	0.36	kN/m³	20 mm厚,水泥粗砂
23	水磨石墙面	0.55	kN/m³	25 mm厚,包括打底
24	水刷石墙面	0.5	kN/m³	25 mm厚,包括打底
25	贴瓷砖墙面	0.5	kN/m³	25 mm厚包括水泥砂浆打底
26	双面抹灰板条隔墙	0.9	kN/m³	每面抹灰16~24 mm,龙骨在内
27	单面抹灰板条隔墙	0.5	kN/m³	
28	C形轻钢龙骨隔墙	0.27	kN/m³	两层12 mm纸面石膏板,无保

续表

项次	名称	自重	单位	备注
29	木屋架	0.07+0.007×跨度	kN/m³	按屋面水平投影面积计算，跨度以m计
31	木框玻璃窗	0.2~0.3	kN/m³	
32	钢框玻璃窗	0.4~0.45	kN/m³	
33	门口	0.1~0.2	kN/m³	
34	铁门	0.4~0.45	kN/m³	
35	黏土平瓦屋面	0.55	kN/m³	按实际面积计算
36	小青瓦屋面	0.9~1.1	kN/m³	按实际面积计算
37	冷摊瓦屋面	0.5	kN/m³	按实际面积计算
38	波形石棉瓦	0.2	kN/m³	182 mm×725 mm×8 mm
39	油毡防水层	0.05 0.3~0.35 0.35~0.40	kN/m³ kN/m³ kN/m³	一层油毡刷油两遍 二毡三油上铺小石子 三毡四油上铺小石子
40	钢丝网抹灰吊顶	0.45	kN/m³	
41	麻刀灰板条吊顶	0.45	kN/m³	吊木在内，平均灰厚20 mm
42	V形轻钢龙骨吊顶	0.12 0.17	kN/m³ kN/m³	一层9 mm纸面石膏板，无保温层 一层9 mm纸面石膏板，有厚50 mm的岩棉板保温层
43	水磨石地面	0.65	kN/m³	10 mm面层、20 mm水泥砂浆打底
44	小瓷砖地面	0.55	kN/m³	包括水泥粗砂打底

附表6 普通钢筋屈服强度标准值、设计值和弹性模量   N/mm²

钢筋牌号	符号	屈服强度标准值 f_{yk}	强度设计值 抗拉 f_y	强度设计值 抗压 f_y'	弹性模量 E_s
HPB300	Φ	300	270	270	2.1×10⁵
HRB335	Φ	335	300	300	2.0×10⁵
HRB400 HRBF400 RRB 400 级	Φ Φ^F Φ^R	400	360	360	2.0×10⁵
HRB500 HRBF500	Φ Φ^F	500	435	435	2.0×10⁵

附表 7　混凝土的强度标准值、设计值和弹性模量　　　　　　　　　　　　N/mm²

强度种类		符号	混凝土强度等级													
			C15	C20	C25	C30	C35	C40	C45	C50	C55	C60	C65	C70	C75	C80
强度标准值	轴心抗压	f_{ck}	10.0	13.4	16.7	20.1	23.4	26.8	29.6	32.4	35.5	38.5	41.5	44.5	47.4	50.2
	轴心抗拉	f_{tk}	1.27	15.4	1.78	2.01	2.20	2.39	2.51	2.64	2.74	2.85	2.93	2.99	3.05	3.11
强度设计值	轴心抗压	f_c	7.2	9.6	11.9	14.3	16.7	19.1	21.1	23.1	25.3	27.5	29.7	31.8	33.8	35.9
	轴心抗拉	f_t	0.91	1.10	1.27	1.43	1.57	1.71	1.80	1.89	1.96	2.04	2.09	2.14	2.18	2.22
弹性模量		$E_c \times 10^4$	2.20	2.55	2.80	3.00	3.15	3.25	3.35	3.45	3.55	3.60	3.65	3.70	3.75	3.80

附表 8　钢筋的计算截面面积及公称质量

直径 d /mm	不同根数钢筋的计算截面面积/mm²									单根钢筋公称质量 /(kg·m⁻¹)
	1	2	3	4	5	6	7	8	9	
3	7.1	14.1	21.2	28.3	35.3	42.4	49.5	56.5	63.6	0.055
4	12.6	25.1	37.7	50.2	62.8	75.4	87.9	100.5	113	0.099
5	19.6	39	59	79	98	118	138	157	177	0.154
6	28.3	57	85	113	142	170	198	226	255	0.222
6.5	33.2	66	100	133	166	199	232	265	299	0.260
7	38.5	77	115	154	192	231	269	308	346	0.302
8	50.3	101	151	201	252	302	352	402	453	0.395
8.2	52.8	106	158	211	264	317	370	423	475	0.432
9	63.6	127	191	254	318	382	445	509	572	0.499
10	78.5	157	236	314	393	471	550	628	707	0.617
12	113.1	226	339	452	565	678	791	904	1 017	0.888
14	153.9	308	461	615	769	923	1 077	1 230	1 387	1.21
16	201.1	402	603	804	1 005	1 206	1 407	1 608	1 809	1.58
18	254.5	509	763	1 047	1 272	1 526	1 780	2 036	2 290	2.00

续表

直径 d /mm	不同根数钢筋的计算截面面积/mm²									单根钢筋公称质量/(kg·m⁻¹)
	1	2	3	4	5	6	7	8	9	
20	314.2	628	942	1 256	1 570	1 884	2 200	2 513	2 827	2.47
22	380.1	760	1 140	1 520	1 900	2 281	2 661	3 041	3 421	2.98
25	490.9	982	1 473	1 964	2 454	2 945	3 436	3 927	4 418	3.85
28	615.3	1 232	1 847	2 463	3 079	3 695	4 310	4 926	5 542	4.83
32	804.3	1 609	2 418	3 217	4 021	4 826	5 630	6 434	7 238	6.31
36	1 017.9	2 036	3 054	4 072	5 089	6 017	7 125	8 143	9 161	7.99
40	1 256.1	2 513	3 770	5 027	6 283	7 540	8 796	10 053	11 310	9.87

附表9　每米板宽内的钢筋截面面积

钢筋间距/mm	当钢筋直径为下列数值时的钢筋截面面积/mm²												
	3	4	5	6	6/8	8	8/10	10	10/12	12	12/14	14	14/16	16
70	101	179	281	404	561	719	920	1 121	1 369	1 616	1 908	2 199	2 536	2 872
75	94.3	167	262	377	524	671	859	1 047	1 277	1 508	1 780	2 053	2 367	2 681
80	88.4	157	245	354	491	629	805	981	1 198	1 414	1 669	1 924	2 218	2 513
85	83.2	148	231	333	462	592	758	924	1 127	1 331	1 571	1 811	2 088	2 365
90	78.5	140	218	314	437	559	716	872	1 064	1 257	1 484	1 710	1 972	2 234
95	74.5	132	207	298	414	529	678	826	1 008	1 190	1 405	1 620	1 868	2 116
100	70.6	126	196	283	393	503	644	785	958	1 131	1 335	1 539	1 775	2 011
110	64.2	114	178	257	357	457	585	714	871	1 028	1 214	1 399	1 614	1 828
120	58.9	105	163	236	327	419	537	654	798	942	1 112	1 283	1 480	1 676
125	56.5	100	157	226	314	402	515	628	766	905	1 068	1 232	1 420	1 608
130	54.4	96.6	151	218	302	387	495	604	737	870	1 027	1 184	1 366	1 547
140	50.5	89.7	140	202	281	359	460	561	684	808	954	1 100	1 268	1 436
150	47.1	83.8	131	189	262	335	429	523	639	754	890	1 026	1 183	1 340
160	44.1	78.5	123	177	246	314	403	491	599	707	834	962	1 110	1 257
170	41.5	73.9	115	166	231	296	379	462	564	665	786	906	1 044	1 183
180	39.2	69.8	109	157	218	279	358	436	532	628	742	855	985	1 117

续表

钢筋间距/mm	当钢筋直径为下列数值时的钢筋截面面积/mm²													
	3	4	5	6	6/8	8	8/10	10	10/12	12	12/14	14	14/16	16
190	37.2	66.1	103	149	207	265	339	413	504	595	702	810	934	1 058
200	35.3	62.8	98.2	141	196	251	322	393	479	565	607	770	888	1 005
220	32.1	57.1	89.3	129	178	228	392	357	436	514	607	700	807	914
240	29.4	52.4	81.9	118	164	209	268	327	399	471	556	641	740	838
250	28.3	50.2	78.5	113	157	201	258	314	383	452	534	616	710	804
260	27.2	48.3	75.5	109	151	193	248	302	368	425	514	592	682	773
280	25.2	44.9	70.1	101	140	180	230	281	342	404	477	550	634	718
300	23.6	41.9	66.5	94	131	168	215	262	320	377	445	513	592	670
320	22.1	39.2	61.4	88	123	157	157	245	299	353	417	481	554	628

参 考 文 献

[1] 刘明晖. 建筑力学 [M]. 3 版. 北京：北京大学出版社，2017.

[2] 刘丽华，王晓天. 建筑力学与结构[M]. 4 版. 北京：中国电力出版社，2021.

[3] 吕令毅，吕子华. 建筑力学 [M]. 3 版. 北京：中国建筑工业出版社，2018.

[4] 李前程，安学敏. 建筑力学 [M]. 3 版. 北京：高等教育出版社，2020.

[5] 梁丽杰. 建筑力学 [M]. 2 版. 北京：中国电力出版社，2018.

[6] 王爱英，王立雄，周婷. 建筑力学与结构[M]. 2 版. 北京：中国建筑工业出版社，2022.

[7] 单春明，建筑力学与结构[M]. 北京：北京理工大学出版社，2018.

[8] 张毅，董桂花. 建筑力学[M]. 2 版. 北京：清华大学出版社，2016.

[9] 董留群，建筑力学与结构[M]. 北京：清华大学出版社，2020.

[10] 中华人民共和国住房和城乡建设部. GB 50010—2010 混凝土结构设计规范(2015 年版)［M］. 北京：中国建筑工业出版社，2016.

[11] 中华人民共和国住房和城乡建设部. GB 50009—2012 建筑结构荷载规范 [M]. 北京：中国建筑工业出版社，2012.